Mathematische Theorie des Lichtes.

Vorlesungen

gehalten von

H. Poincaré

Professor und Mitglied der Akademie.

Redigirt von J. Blondin, Privatdocent an der Universität zu Paris.

Autorisirte deutsche Ausgabe

von

Dr. E. Gumlich und **Dr. W. Jaeger.**

Mit 35 in den Text gedruckten Figuren.

Springer-Verlag Berlin Heidelberg GmbH 1894

ISBN 978-3-662-31965-9 ISBN 978-3-662-32792-0 (eBook)
DOI 10.1007/978-3-662-32792-0

Vorrede.

Die Optik ist der am weitesten entwickelte Zweig der Physik, und die sogenannte Undulationstheorie bildet dementsprechend ein abgeschlossenes Ganze, das den Geist wahrhaft befriedigen muss; indessen darf man nicht mehr von dieser Theorie verlangen, als sie uns geben kann.

Die mathematischen Theorien sollen uns ja nicht die wahre Natur der Dinge enthüllen; dies würde ein unvernünftiges Verlangen sein; ihr einziger Zweck ist vielmehr der, einen gewissen Zusammenhang zwischen den physikalischen Gesetzen herzustellen, welche uns die Erfahrung kennen lehrt und die wir ohne Hülfe der Mathematik nicht einmal aussprechen könnten.

Die Frage, ob der Aether wirklich existirt, hat für uns wenig Bedeutung; dies zu untersuchen, ist die Sache der Metaphysiker! Für uns bleibt die Hauptsache, dass alles so vor sich geht, als wenn der Aether thatsächlich vorhanden wäre, und ferner, dass diese Hypothese eine einfache Erklärung der verschiedenen Erscheinungen gestattet. Haben wir denn einen anderen Grund, an die Existenz materieller Gegenstände zu glauben? Dies ist doch auch nur eine bequeme Hypothese; freilich wird dieselbe wohl niemals aufgegeben werden, während zweifellos eines Tages die Annahme von dem Vorhandensein des Aethers als unnütz verworfen werden wird.

Aber selbst dann werden die optischen Gesetze und die Gleichungen, welche diese Gesetze analytisch darstellen, wenigstens als erste Annäherung bestehen bleiben. Es ist also immer sehr förderlich, sich in eine Theorie zu vertiefen, die uns den inneren Zusammenhang aller dieser Gleichungen kennen lehrt.

Zahlreich und überzeugend sind die Theorien, die zur Erklärung der optischen Erscheinungen durch die Schwingungen eines elastischen Mediums aufgestellt wurden; aber es würde nicht rathsam sein, sich auf eine derselben zu beschränken; man könnte ihr sonst leicht ein blindes und deshalb irreführendes Zutrauen schenken. Aus diesem Grunde sollte man alle Hypothesen kennen lernen, denn gerade eine Vergleichung derselben kann sehr lehrreich sein.

Leider aber muss man zu diesem Zwecke immer auf die Originalabhandlungen zurückgreifen, die oft schwer aufzufinden und schwer zu verstehen sind; denn beim Uebergange von der einen zur anderen ändert sich Alles, Bezeichnung, Gedankenfolge, Ausdrucksweise u. s. w., und eine Vergleichung derselben wird in Folge dessen fast zur Unmöglichkeit.

Aus diesem Grunde hielt ich es nicht für überflüssig, in einem kleinen Bande diese verschiedenen Hypothesen übersichtlich zu vereinigen, indem ich meine an der Sorbonne im Jahr 1887—1888 gehaltenen Vorlesungen veröffentlichte. Herrn Blondin bin ich zu besonderem Dank verpflichtet, dass er diesen Versuch durch Sammeln und Redigiren der Vorträge ermöglichte.

Zum erfolgreichen Studium dieses Werkes ist es freilich nothwendig, dass der Leser die Experimentalgesetze der physikalischen Optik wenigstens in den Hauptzügen kennt; ich hätte sonst unmöglich in einem einzigen Semester eine so ausgedehnte Materie behandeln können, wenn ich nicht überzeugt gewesen wäre, dass diese Gesetze meinen Zuhörern schon vertraut sind.

Der Undulationstheorie liegt eine Molekulartheorie zu Grunde; für die einen, die da glauben, hinter dem Gesetz die Ursache zu entdecken, ist dies ein Vortheil, für die anderen dagegen ein Grund zum Misstrauen. Aber dieses Misstrauen erscheint mir ebenso wenig gerechtfertigt, als die Illusion der ersteren.

Diese Hypothesen spielen nämlich nur eine untergeordnete Rolle; ich hätte dieselben ebensogut unberücksichtigt lassen können, habe es aber nicht gethan, weil die Ausführung dadurch an Klarheit verloren hätte. Dies ist aber auch der einzige Grund, der mich davon abgehalten hat.

Thatsächlich entlehne ich den Molekularhypothesen nur zweierlei, nämlich das Princip von der Erhaltung der Energie und die Darstellung der allgemeinen Gesetze der kleinen Bewegungen durch lineare Gleichungen.

Darin findet auch die Thatsache ihre Erklärung, dass die meisten Folgerungen Fresnel's unverändert bestehen bleiben, wenn man die elektro-magnetische Lichttheorie annimmt. In diesem Band werde ich von jener Theorie nicht reden, sondern behalte mir vor, dies eingehend in einem anderen Werke zu thun, in dem ich meine Vorlesungen des zweiten Semesters veröffentlichen werde[1]). Ich glaubte mich zunächst in die Ideen von Fresnel vertiefen zu müssen; dies schien mir die beste Vorbereitung zum Studium des Gedankengangs von Clerk Maxwell.

Noch eines möchte ich am Schlusse bemerken: In dem Kapitel über die Diffraktion habe ich Hypothesen entwickelt, die ich für neu hielt. Hierbei unterliess ich es leider, Kirchhoff zu erwähnen, dessen Name fortwährend hätte genannt werden müssen. Noch ist es Zeit, dieses unbeabsichtigte Versehen wieder gut zu machen; ich beeile mich, dies zu thun, indem ich gleichzeitig auf die Sitzungsberichte der Berliner Akademie (1882, 2. Semester, S. 611) verweise.

Paris, den 2. December 1888.

H. Poincaré.

---

[1]) Anm. d. Herausg.: Dies Werk ist bereits in der Uebersetzung erschienen unter dem Titel „Elektricität und Optik“ 2 Bände. 1891/92. Verlag von Julius Springer in Berlin.

Inhaltsverzeichniss.

Seite

Einleitung 1

Kapitel I.

Untersuchung der kleinen Bewegungen in einem elastischen Medium.

Erste Hypothese 3
Zweite Hypothese 3
Bewegungsgleichungen 3
Eigenschaften der Kräftefunktion 4
Eigenschaften der Funktionen U' und U'' 4
Untersuchung der Funktion U' 6
Dritte Hypothese 9
Neue Hypothesen 11
Untersuchung der Funktion W_2 12
Isotrope Funktionen 14
Ausdruck von W_2 bei isotropen Körpern 20
Ausdruck von W_1 als Funktion der partiellen Differentialquotienten . . . 23
Aeussere Drucke. — Bewegungsgleichungen 24
Bewegungsgleichungen für isotrope Körper 29
Longitudinal- und Transversalbewegungen 31
Gleichungen für die Transversalbewegungen in den isotropen Körpern . . . 34
Gleichungen für die Longitudinalbewegungen 34

Kapitel II.

Fortpflanzung einer ebenen Welle. — Interferenz.

Specieller Fall: Fortpflanzung in ebenen Wellen 35
Hypothesen über die Eigenschaften des Aethers 38
Bewegungsgleichungen des Aethers 40
Lösung der Gleichungen für die Transversalbewegungen 41
Erlöschende Strahlen 45
Bahn der Aethermoleküle bei den Transversalbewegungen 46
Bemerkung über die Konstanten, welche in den Bewegungsgleichungen auftreten 47
Intensität des Lichts 48
Interferenz des nicht polarisirten Lichtes 49
Interferenz des polarisirten Lichtes 52

Kapitel III.

Das Princip von Huyghens.

Seite
Das Huyghens'sche Princip 55
Fresnel's Streit mit Poisson 57
Integration der Gleichungen für die Transversalbewegungen bei Kugelwellen 61
Allgemeine Integrale der Gleichungen für die Transversalbewegungen . . 64
Rechtfertigung des Huyghens'schen Princips 71

Kapitel IV.

Beugung.

Gleichungen der Transversalbewegungen bei periodischen Verschiebungen . 73
Integration der ersten Bewegungsgleichung 75
Gleichungen für die Beugungserscheinungen 82
Berechnung der Integrale (4) 87
Vereinfachung der Ausdrücke für ξ_0, η_0, ζ_0 95
Intensität des Lichts in einem Punkte 98
Ausdruck des Integrals (2) für den Fall eines Spaltes mit parallelen Rändern 100
Graphische Darstellung des Integrals (3) 100
Beugung durch einen engen Spalt 107
Beugung durch den Rand eines Schirms 108
Beugung durch einen kleinen kreisförmigen Schirm 111
Beugung durch eine kleine kreisrunde Oeffnung 112
Beugung bei parallelem Lichte 113
Streifen, welche durch eine Oeffnung mit einem Symmetriecentrum hervorgebracht werden 114
Beugung durch ähnliche Oeffnungen 115
Satz von Bridge 116
Satz von Babinet 117
Beugung durch verlängerte Oeffnungen 118
Beugung durch einen Spalt oder einen Schirm von rechteckiger Form . . 120
Beugungserscheinungen bei n Lichtpunkten, die unregelmässig in einer Ebene vertheilt liegen 122
Beugungserscheinungen bei n Oeffnungen 123
Erscheinung bei zwei Punkten von gleicher Intensität 124
Erscheinung bei zwei kreisrunden Oeffnungen oder Schirmen 124
Erscheinung bei zwei rechteckigen Spalten 124
Erscheinung bei n äquidistanten, in gerader Linie liegenden Punkten . . . 125
Gitter 127
Beugungserscheinungen bei weissem Licht 129

Kapitel V.

Drehung der Polarisationsebene. — Dispersion.

Bewegungsgleichungen 133
Drehung der Polarisationsebene durch den Quarz 135
Drehung der Polarisationsebene durch Krystalle und Lösungen 140
Erklärung der Dispersion 140
Verschiedene Dispersionstheorien 142
Theorie von Briot 143
Krystallisirte Körper 144
Amorphe Körper 151
Theorie von Boussinesq 153

Kapitel VI.

Doppelbrechung.

Seite

Umformung der Bewegungsgleichungen 161
Polarisations-Ellipsoïd 164

Theorie von Fresnel.

Mechanische Erklärung der Doppelbrechung 167
Hypothesen von Fresnel 168
Bewegungsgleichungen in einem inkompressiblen Medium 169
Fortpflanzung einer ebenen Welle 171

Theorie von Cauchy.

Optische Symmetrieebenen der doppelbrechenden Krystalle 175
Folgerungen aus der Hypothese der Centralkräfte 176
Quasi-transversale und quasi-longitudinale Schwingungen 178
Fortpflanzungsgeschwindigkeiten der Wellen 180
Gleichung des Polarisations-Ellipsoïds von Cauchy 181

Theorie von Neumann.

Hypothesen von Neumann 183
Gleichung des Polarisationscylinders 184
Fortpflanzung einer ebenen Welle 185
Gleichungen von Lamé 186

Theorie von Sarrau.

Bewegungsgleichungen 189
Fortpflanzung einer ebenen Welle 189
Eigenschaften der periodischen Funktionen 193
Werthe der Grössen l, m, n 194
Untersuchung der Grössen L, M, N 196
Werthe der Fortpflanzungsgeschwindigkeiten 199
Schwingungsrichtung einer Wellenebene 201

Theorie von Boussinesq.

Bewegungsgleichungen 202
Fortpflanzung einer ebenen Welle 203
Beziehungen zwischen den Schwingungskomponenten nach Fresnel, Neumann und Sarrau 204
Vertauschung der Koordinatenaxen 206

Wellenfläche. — Geradlinige Fortpflanzung des Lichtes.

Wellenfläche 208
Richtung des Lichtstrahls 209
Beziehungen zwischen der Richtung des Lichtstrahls und den Schwingungsrichtungen 212
Gleichung der Wellenfläche 213
Geometrische Konstruktion der Wellenfläche 215
Schnitt der Wellenfläche mit den Symmetrieebenen 217
Nabelpunkte und singuläre Tangentialebenen der Wellenfläche 218

Geradlinige Fortpflanzung des Lichtes.

Seite
Geradlinige Fortpflanzung des Lichtes in einem isotropen Medium . . . 219
Geradlinige Fortpflanzung des Lichtes in einem anisotropen Medium . . . 221

Doppelbrechung in den hemiëdrischen Krystallen.

Bewegungsgleichungen 225
Fortpflanzung einer ebenen Welle 227
Fortpflanzungsgeschwindigkeiten 229
Elliptische Polarisation der Strahlen 230

Kapitel VII.

Reflexion.

Reflexion 234

Reflexion an Glas.

Theorie von Fresnel.

Grundhypothesen 235
Anwendung der obigen Principien 236
Anwendung des Princips der lebendigen Kraft 239
Folgerungen 242
Theorem von Mac-Cullagh 244
Gesetz von Brewster 245
Totale Reflexion 245
Einwürfe gegen die Theorie von Fresnel 246
Widerlegung dieser Einwürfe 247
Totale Reflexion 251
Einwände bezüglich der Dispersion 253

Theorie von Neumann und Mac-Cullagh.

Annahmen der Theorie 254
Princip der Kontinuität 257
Dichte des Aethers 257
Theorem von Mac-Cullagh 258

Theorie von Cauchy.

Annahmen der Theorie 259

Krystall-Reflexion.

Theorie von Neumann und von Mac-Cullagh.

Grundhypothesen 263
Gleichungen der Lichtbewegung 263
Dichte des Aethers 265
Princip der Kontinuität 265
Experimentelle Bestätigungen 266
Uniradiale Brechung 266
Theorem von Mac-Cullagh 267
Bemerkung 269

Theorie von Sarrau.

Annahmen der Theorie 270

Metall-Reflexion.

Seite

Fortpflanzung des Lichtes in einem absorbirenden Medium 271
Bewegungsgleichungen des Lichtes in einem absorbirenden Medium . . . 274
Theorie von Cauchy 276

Kapitel VIII.

Astronomische Aberration.

Definition 278
Erklärung von Bradley 278
Elementare Erklärung nach der Undulationstheorie 279
Der in einem bewegten Medium enthaltene Aether wird theilweise mitgenommen 280
Lichtgeschwindigkeit in einem bewegten Medium 284
Zeit, welche das Licht gebraucht, um von einem Punkt eines bewegten Medium zu einem anderen zu gelangen 285
Optische Erscheinungen in einem bewegten Medium 286
Hypothesen von Fresnel 287
Fortpflanzungsgeschwindigkeit in einem bewegten Medium 288

Schlussfolgerungen 293

Einleitung.

Von allen physikalischen Theorien ist die Lichttheorie, wie sie sich aus den Arbeiten Fresnel's und seiner Nachfolger weiter entwickelt hat, am vollkommensten ausgebildet. Bekanntlich beruht dieselbe auf der Hypothese der Aetherschwingungen; sie vermag fast alle gegenwärtig bekannten optischen Erscheinungen zu erklären, und wenn auch einige derselben keine unmittelbare Erklärung zulassen, so braucht man nur geringe Modifikationen in den Einzelheiten der Fresnel'schen Hypothesen vorzunehmen, um auch diesen Erscheinungen Rechnung tragen zu können.

Den Skeptikern, welche glauben, dass die Undulationstheorie eines Tages dasselbe Schicksal erleiden wird, wie die Emissionstheorie, kann man entgegenhalten, dass Biot's Versuche, sämmtliche bis zum Jahre 1813 bekannt gewordenen optischen Erscheinungen mittels der Emissionstheorie zu erklären, viel zu gekünstelt waren, als dass sie vollständig hätten befriedigen können. In der Emissionstheorie gab es nämlich fast ebenso viel Hypothesen, als Erscheinungen zu erklären waren; allerdings bedarf man auch in der Undulationstheorie einer gewissen Anzahl von Hypothesen, aber dieselbe ist doch viel geringer als die Anzahl der zu erklärenden Erscheinungen.

Es ist also wahrscheinlich, dass ungeachtet des einstigen Schicksals der Fresnel'schen Theorie die meisten Resultate bestehen bleiben, und dass das Studium derselben immer hohen Nutzen bringen wird. In der letzten Zeit hat man allerdings versucht, an Stelle der Undulationstheorie eine elektromagnetische Theorie zu setzen, welche die optischen Erscheinungen aus den periodischen und ausserordentlich raschen Veränderungen eines magnetischen Feldes zu erklären sucht. Aber diese Theorie führt zu denselben analytischen Resultaten, wie die Fresnel'sche Undulationstheorie; nur die physikalische Deutung der Formeln ist verschieden. Es scheint sogar nicht unmöglich, dass beide Theorien zuletzt zu einer einzigen verschmelzen.

Inhalt des Buches. — Wir wollen nur die Undulationstheorie in den Kreis unserer Betrachtungen ziehen, da die elektromagnetische Theorie von einer Vorlesung über Elektricität unzertrennbar ist. Hierbei werden die Arbeiten von Fresnel, Cauchy, Lamé, Briot und Sarrau in Frankreich, von Neumann in Deutschland und von Mac Cullagh in England Berücksichtigung finden. Die Thatsachen der experimentellen Optik muss ich als bekannt voraussetzen und werde nur die Entwicklung der mathematischen Theorien geben.

Wir beginnen mit der Theorie der kleinen Bewegungen in einem elastischen Medium, um sodann die allgemeinen Gesetze der Schwingungen und der Fortpflanzung ebener Wellen aufzustellen; danach treten wir in das Studium der Beugung ein, betrachten die verschiedenen Theorien der Dispersion, diejenigen der Doppelbrechung, ferner die Reflexion und die Brechung an der Oberfläche der durchsichtigen, isotropen Medien, der krystallinischen Körper und der metallischen Oberflächen. Hieran schliesst sich endlich die Untersuchung der Aberration und der Fortpflanzung des Lichtes in bewegten Medien.

Kapitel I.

Untersuchung der kleinen Bewegungen in einem elastischen Medium.

---

1. Erste Hypothese. — Wir nehmen an, ein elastisches Medium bestehe aus getrennten Molekülen, d. h. wir betrachten die Materie als diskontinuirlich. Hierbei wollen wir noch speciell betonen, dass die Uebereinstimmung der experimentellen Thatsachen mit den mathematischen Folgerungen aus dieser Hypothese keineswegs als ein Beweis für die Diskontinuität der Materie aufzufassen ist. Unsere Hypothese dient vielmehr lediglich zur Vereinfachung der Rechnungen, denn auch wenn wir die Materie als kontinuirlich auffassen wollten, würde die Uebereinstimmung zwischen Theorie und Experiment bestehen bleiben.

2. Zweite Hypothese. — Weiter wollen wir voraussetzen, dass die Moleküle gewissen Kräften unterworfen seien, dass sie sich in einer bestimmten Lage im stabilen Gleichgewichte befinden und dass sie sehr kleine Schwingungen um diese Gleichgewichtslage ausführen, wenn man sie aus derselben entfernt und sodann sich selbst überlässt.

3. Bewegungsgleichungen. — Wir fassen nun n Moleküle M_1, $M_2 \ldots\ldots M_n$ mit den Massen m_1, $m_2 \ldots\ldots m_n$ in's Auge. Die Koordinaten eines dieser Moleküle seien in der Gleichgewichtslage x_i, y_i, z_i und nach der Verschiebung $x_i + \xi_i$, $y_i + \eta_i$, $z_i + \zeta_i$. Ferner nehmen wir an, dass eine Kräftefunktion U existirt, d. h. dass Erhaltung der Energie stattfindet; dann erhalten wir als Bewegungsgleichungen:

$$(1)\qquad \left\{\begin{aligned} m_i \frac{\partial^2 \xi_i}{\partial t^2} &= \frac{\partial U}{\partial \xi_i} \\ m_i \frac{\partial^2 \eta_i}{\partial t^2} &= \frac{\partial U}{\partial \eta_i} \\ m_i \frac{\partial^2 \zeta_i}{\partial t^2} &= \frac{\partial U}{\partial \zeta_i}. \end{aligned}\right.$$

4. Eigenschaften der Kräftefunktion. — Entwickelt man U nach wachsenden Potenzen von ξ (wobei man unter ξ die Gesammtheit der Grössen $\xi_1, \eta_1, \zeta_1; \xi_2, \eta_2, \zeta_2 \ldots$ zu verstehen hat), so erhält man:

$$U = U_0 + U_1 + U_2 + \cdots$$

Das konstante Glied U_0 kann man gleich Null setzen, denn von der Funktion U treten in den Bewegungsgleichungen nur die Differentialquotienten auf.

Das Glied U_1, welches die Gesammtheit der Glieder ersten Grades in Bezug auf ξ enthält, d. h.

$$\Sigma\, \xi_i \left(\frac{\partial U}{\partial \xi_i}\right)_0,$$

ist ebenfalls Null, denn $\frac{\partial U}{\partial \xi_i}$ stellt die X-Komponente der auf das Molekül M_i wirkenden Kraft dar, und die letztere ist Null für die Gleichgewichtslage, d. h. für $\xi_i = 0$. Somit ist $\left(\frac{\partial U}{\partial \xi_i}\right) = 0$ und in Folge dessen auch U_1.

Da wir weiter vorausgesetzt hatten, dass die ξ sehr klein sein sollten, so darf man die Glieder, welche in Bezug auf ξ von einer höheren als der zweiten Potenz sind, vernachlässigen, und wir erhalten

$$U = U_2. \tag{2}$$

Die Grösse U_2 ist quadratisch in Bezug auf die $3\,n$ Grössen ξ, sie lässt sich also als eine Summe von Quadraten darstellen. Diese Summe muss negativ sein, denn, da das Gleichgewicht stabil ist, wenn die ξ Null sind, so muss die Funktion U für $\xi = 0$ ein Maximum besitzen, und eine der Bedingungen dafür, dass eine Funktion ein Maximum aufweist, besteht darin, dass die Gesammtheit der Glieder zweiten Grades in der Entwickelung negativ ist. Theilt man nun die auf das System wirkenden Kräfte in zwei Gruppen, in die inneren und in die äusseren Kräfte, und bezeichnet die der ersten Gruppe entsprechende Kräftefunktion mit U', die der zweiten Gruppe entsprechende mit U'', so erhält man:

$$U = U' + U''. \tag{3}$$

5. Eigenschaften der Funktionen U' und U''. — Wenn die verschiedenen Moleküle eine solche Verschiebung erleiden, dass ihre Entfernungen von einander ungeändert bleiben, dann ist die Arbeit der inneren Kräfte, folglich auch U', gleich Null. U' lässt sich somit auffassen als Funktion der Abstände der Moleküle; bezeichnen wir die Quadrate dieser Abstände mit R, R', R''...., so können wir setzen:

(4) $$U' = F\ (R, R', R''\ldots).$$

6. Wenn wir ferner voraussetzen, dass je zwei Moleküle μ und μ' sich so anziehen oder abstossen, dass die dabei auftretenden Kräfte immer einander gleich sind, in der Richtung der Verbindungslinie dieser Moleküle wirken und nur von der Entfernung $\mu\mu'$ derselben abhängen, mit anderen Worten, wenn wir die Hypothese von den Centralkräften annehmen, dann wird U' aus der Summe der zu je zwei Molekülen μ und μ' gehörigen Kräftefunktionen bestehen; wir erhalten in diesem Falle:

(5) $$U' = f(R) + f'(R') + f''(R'') + \cdots$$

7. Die auf das System wirkenden äusseren Kräfte können von zweierlei Art sein:

1. Kräfte, welche gleichzeitig an den im Inneren und an der Oberfläche befindlichen Moleküle angreifen, wie dies beispielsweise bei der Schwerkraft der Fall ist.

2. Kräfte, welche nur auf die Oberflächenmoleküle wirken, z. B. auf die innere Oberfläche der Wände eines Raumes, welcher ein Gas einschliesst.

Die Kräfte der ersten Art treten in der Optik nicht auf, denn wir müssen annehmen, dass der Aether imponderabel sei. Das Vorhandensein von Kräften der zweiten Art lässt sich nicht ohne Weiteres in Abrede stellen. Setzen wir aber voraus, dass auch sie nicht vorhanden sind, dann ist die Kräftefunktion, welche sich auf die äusseren Kräfte bezieht, Null, also $U'' = 0$.

8. Wir können nun auch die Funktionen U' und U'' nach wachsenden Potenzen der ξ entwickeln, und erhalten, wenn wir dabei die Glieder von einer höheren als der zweiten Potenz vernachlässigen:

$$U' = U_0' + U_1' + U_2'$$

$$U'' = U_0'' + U_1'' + U_2''.$$

Durch Vergleichung dieser Entwickelungen mit der Entwickelung der Funktion U (§ 4) gelangen wir zu folgenden Gleichungen:

$$U_0' + U_0'' = U_0 = 0$$

(6) $$U_1' + U_1'' = U_1 = 0$$

(7) $$U_2' + U_2'' = U_2 = U.$$

Ausserdem können wir noch annehmen, dass jede der Konstanten U_0' und U_0'' für sich Null ist.

9. **Untersuchung der Funktion U'.** — Die Koordinaten zweier Moleküle μ und μ' mögen für die Gleichgewichtslage sein:

$$x,\ y,\ z;\quad x+Dx,\quad y+Dy,\quad z+Dz;$$

hierbei sind die Zuwachse Dx, Dy, Dz der Koordinaten nicht unendlich klein, da der Abstand der Moleküle von einander nicht unendlich klein ist. Das Quadrat dieser Entfernung ist gegeben durch:

$$R = Dx^2 + Dy^2 + Dz^2.$$

Werden die Moleküle aus ihren Gleichgewichtslagen entfernt, so gehen deren Koordinaten über in:

$$x+\xi,\quad y+\eta,\quad z+\zeta;$$

$$x+Dx+\xi+D\xi;\quad y+Dy+\eta+D\eta;\quad z+Dz+\zeta+D\zeta,$$

und das Quadrat ihres Abstandes wird alsdann

$$R+\varrho = \Sigma(Dx+D\xi)^2 = \Sigma Dx^2 + 2\Sigma Dx\, D\xi + \Sigma D\xi^2.$$

Der Zuwachs ϱ, den das Quadrat des Abstandes erfahren hat, ist also

$$\varrho = 2\Sigma Dx\, D\xi + \Sigma D\xi^2;$$

setzen wir darin

$$\varrho_1 = 2(Dx\, D\xi + Dy\, D\eta + Dz\, D\zeta) = 2\Sigma Dx\, D\xi \tag{8}$$

$$\varrho_2 = D\xi^2 + D\eta^2 + D\zeta^2 = \Sigma D\xi^2, \tag{9}$$

so haben wir für ϱ die Gleichung

$$\varrho = \varrho_1 + \varrho_2. \tag{10}$$

Die auf die inneren Kräfte bezügliche Kräftefunktion wird, wenn die Moleküle aus ihren Gleichgewichtslagen entfernt sind,

$$U' = F(R+\varrho,\ R'+\varrho',\quad R''+\varrho'',\ +\cdots),$$

und, wenn man sie nach wachsenden Potenzen von ϱ entwickelt,

$$U' = F(R,\ R',\ R''\ \ldots) + \sum \frac{\partial F}{\partial R}\varrho + \frac{1}{2}\sum \frac{\partial^2 F}{\partial R^2}\varrho^2 + \sum \frac{\partial^2 F}{\partial R\, \partial R'}\varrho\,\varrho' + \cdots$$

In diesem Ausdrucke hängt das Glied $F(R, R', R''\ldots)$ nicht von der Verschiebung ab, es ist also identisch mit dem konstanten Gliede U_0', das wir bei der Entwickelung der Funktion U' nach ξ erhielten; somit hat dasselbe den Werth Null.

Da die Grössen ϱ von derselben Grössenordnung sind, wie die ξ, so kann man in der Entwickelung von U′ die Glieder vernachlässigen, welche ϱ in einer höheren als der zweiten Potenz enthalten, und findet somit

$$U' = \sum \frac{\partial F}{\partial R} \varrho + \sum \frac{1}{2} \frac{\partial^2 F}{\partial R^2} \varrho^2 + \sum \frac{\partial^2 F}{\partial R \, \partial R'} \varrho \varrho'.$$

Ersetzt man darin ϱ durch seinen Werth $\varrho_1 + \varrho_2$, so folgt

$$(11) \qquad U' = \sum \frac{\partial F}{\partial R} \varrho_1 + \sum \frac{\partial F}{\partial R} \varrho_2 + \sum \frac{1}{2} \frac{\partial^2 F}{\partial R^2} \varrho^2 + \sum \frac{\partial^2 F}{\partial R \, \partial R'} \varrho \varrho'.$$

Durch Vergleichung dieser Entwickelung mit derjenigen derselben Funktion nach ξ (§ 8) ergibt sich für das zweite Glied U_1':

$$(12) \qquad U_1' = \sum \frac{\partial F}{\partial R} \varrho_1 = 2 \sum \frac{\partial F}{\partial R} (Dx\, D\xi + Dy\, D\eta + Dz\, D\zeta).$$

10. In dem speciellen Falle, wo der äussere Druck in der Gleichgewichtslage Null ist, kann man aus dem letzten Ausdrucke sechs wichtige Gleichungen ableiten. Das zweite Glied U_1'' in der Entwickelung der auf die äusseren Kräfte bezüglichen Kräftefunktion U″ ist nämlich Null, da die partiellen Differentialquotienten von U″ nach den Grössen ξ die Komponenten des äusseren Druckes darstellen.

Nun haben wir nach Gleichung (6)

$$U_1' = 0.$$

Substituiren wir also in U_1' an Stelle von ξ, η, ζ irgend welche anderen Grössen, so müssen wir wieder auf der rechten Seite Null erhalten; so können wir beispielsweise $\xi = x$, $\eta = \zeta = 0$ setzen; dann finden wir

$$\sum \frac{\partial F}{\partial R} Dx^2 = 0,$$

und entsprechend

$$\sum \frac{\partial F}{\partial R} Dy^2 = 0 \quad \text{und} \quad \sum \frac{\partial F}{\partial R} Dz^2 = 0.$$

Die Substitution $\xi = y$, $\zeta = \eta = 0$ liefert

$$\sum \frac{\partial F}{\partial R} Dx\, Dy = 0,$$

und entsprechende Substitutionen:

$$\sum \frac{\partial F}{\partial R} Dy\, Dz = 0 \quad \text{und} \quad \sum \frac{\partial F}{\partial R} Dz\, Dx = 0.$$

Ist also der äussere Druck in der Gleichgewichtslage Null, so sind folgende sechs Gleichungen erfüllt:

$$(13)\quad \begin{cases} \sum \frac{\partial F}{\partial R} Dx^2 = 0 \\ \sum \frac{\partial F}{\partial R} Dy^2 = 0 \\ \sum \frac{\partial F}{\partial R} Dz^2 = 0 \end{cases} \qquad (14)\quad \begin{cases} \sum \frac{\partial F}{\partial R} Dz\, Dy = 0 \\ \sum \frac{\partial F}{\partial R} Dx\, Dz = 0 \\ \sum \frac{\partial F}{\partial R} Dy\, Dx = 0. \end{cases}$$

Umgekehrt hat Cauchy auch nachgewiesen, dass der äussere Druck Null sein muss, wenn diese sechs Gleichungen erfüllt sind. Wir werden später den Beweis für diese Reciprocität ebenfalls führen.

11. Der Ausdruck für das dritte Glied U_2' in der Entwickelung von U' nach den Grössen ξ wird, wenn man die Terme dritten und vierten Grades von $D\xi$ vernachlässigt:

$$(15)\qquad U_2' = \sum \frac{\partial F}{\partial R} \varrho_2 + \frac{1}{2} \sum \frac{\partial^2 F}{\partial R^2} \varrho_1^2 + \sum \frac{\partial^2 F}{\partial R\, \partial R'} \varrho_1 \varrho_1'.$$

Setzt man diesen Werth von U_2' in die Gleichung (7) ein, so erhält man:

$$U = U_2 = U_2'' + \sum \frac{\partial F}{\partial R} \varrho_2 + \frac{1}{2} \sum \frac{\partial^2 F}{\partial R^2} \varrho_1^2 + \sum \frac{\partial^2 F}{\partial R\, \partial R'} \varrho_1 \varrho_1'.$$

Das erste Glied dieses Ausdrucks, U_2'', spielt in der Elasticität im Allgemeinen keine Rolle; es hängt nämlich von den äusseren Drucken ab und kann nur von den Verschiebungen der Oberflächenmoleküle herrühren. Untersucht man nun die Bewegung in einem unendlich grossen Medium, so nimmt man an, dass die Grössen ξ im Unendlichen Null sind. Hat man es aber mit einem begrenzten Medium zu thun, so werden die Schlüsse, welche man aus den Rechnungen unter der Voraussetzung zieht, dass U_2'' Null sei, und die für alle in einer gewissen Entfernung von der Grenzschicht liegenden Theile streng richtig sind, auch für die der Grenzschicht benachbarten Theile nicht wesentlich geändert.

Das zweite Glied

$$\sum \frac{\partial F}{\partial R} \varrho_2 = \sum \frac{\partial F}{\partial R} (D\xi^2 + D\eta^2 + D\zeta^2)$$

ist in einem Falle Null, und zwar dann, wenn man annimmt, dass der äussere Druck im Gleichgewichtszustande Null sei; dies soll später nachgewiesen werden.

Das dritte Glied bleibt in allen Fällen bestehen.

Das vierte Glied endlich,

$$\sum \frac{\partial^2 F}{\partial R\, \partial R'} \varrho_1 \varrho_1',$$

verschwindet bei der Annahme von Centralkräften. Wir sahen nämlich in § 6, dass sich unter dieser Annahme die Funktion U′ auf eine Summe von Gliedern reducirte, von denen jedes nur von einer einzigen Grösse abhängt.

Differentiirt man nun die Gleichung (5) nach R, so erhält man

$$\frac{\partial U'}{\partial R} = \frac{\partial f(R)}{\partial R},$$

und, da $f(R)$ nicht von R′ abhängt, so liefert eine neue Differentiation nach R′

$$\frac{\partial^2 U'}{\partial R\, \partial R'} = \frac{\partial^2 f}{\partial R\, \partial R'} = \frac{\partial}{\partial R'}\left(\frac{\partial f(R)}{\partial R}\right) = 0.$$

Das vierte Glied der Funktion U ist also in diesem Falle wirklich Null.

12. Dritte Hypothese. — Wir wollen nun bei unserer Untersuchung noch eine neue Hypothese einführen, und annehmen, dass die ungemein zahlreichen und durch sehr kleine Zwischenräume getrennten Körpermoleküle nur in sehr geringen Entfernungen auf einander wirken können. Die Maximalentfernung, in welcher eine derartige Einwirkung noch möglich ist, bezeichnen wir als Radius der molekularen Wirkungssphäre.

Die Einführung dieser Hypothese gestattet uns, den Ausdruck für die Funktion U′ zu vereinfachen. Wir fassen zu diesem Zwecke ein bestimmtes Volumen des elastischen Medium in's Auge und theilen dasselbe in die beiden Theile R und R′ (Fig. 1). Die Potentialfunktion U′ der Kräfte, welche bei der gegenseitigen Wirkung der Moleküle des Gesammtvolumens auftreten, kann nun als die Summe folgender drei Grössen aufgefasst werden: 1. des Potentials V, das sich auf die gegenseitige Wirkung der Moleküle des Volumens R bezieht. 2. Des Potentials V′, welches auf die gegenseitigen Wirkungen der Moleküle des Volumens R′ zurückzuführen ist. 3. Des Potentials, welches aus

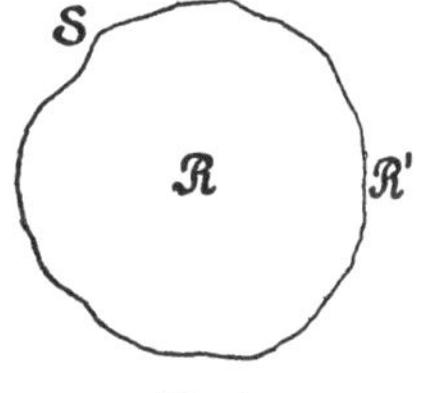

Fig. 1.

der Wirkung der Moleküle des Volumens R auf die Moleküle des Volumens R′ resultirt; dies letztere Potential ist sehr klein. Die Moleküle nämlich, welche auf einander wirken sollen, müssen sich in einer Entfernung von einander befinden, welche geringer ist als der Radius der molekularen Wirkungssphäre. Demnach werden die Moleküle von R, welche auf diejenigen von R′ wirken, und umgekehrt, innerhalb eines Volumens liegen, das von zwei zur Trennungsfläche von R und R′ parallelen Oberflächen begrenzt ist, und zwar darf die Entfernung dieser beiden Oberflächen die Grösse des Radius der molekularen Wirkungssphäre nicht überschreiten.

Dies Volumen kann aber gegenüber dem Volumen von R und R′ vernachlässigt werden, und, wenn wir annehmen, dass die Zahl der Moleküle in einem Medium dem Volumen desselben proportional ist, so werden die Moleküle eines jeden der Volumina R und R′, welche auf die Moleküle des anderen Volumens wirken können, ihrer Zahl nach gegen die Moleküle zu vernachlässigen sein, welche sich in R und R′ befinden. Somit kann auch das Potential, das von der Wirkung der Moleküle im Volumen R auf diejenigen im Volumen R′ herrührt, gegenüber V und V′ vernachlässigt werden, und wir erhalten

$$U' = V + V'.$$

Diese Ueberlegung behält auch dann noch ihre Gültigkeit, wenn man das elastische Medium in eine unendlich grosse Anzahl unendlich kleiner Theile zerlegt, vorausgesetzt, dass die Dimensionen dieser Theile unendlich gross bleiben im Verhältniss zur molekularen Wirkungssphäre; dies wird aber immer möglich sein, da der Radius dieser Wirkungssphäre, absolut genommen, unendlich klein ist. Bezeichnen wir mit $d\tau$ eines dieser Elementarvolumina, mit $W d\tau$ das Potential, das von der gegenseitigen Wirkung der Moleküle im Innern dieses Elements herrührt, dann wird das Potential der inneren Kräfte des gesammten Volumens

$$U' = \int W \, d\tau. \tag{16}$$

13. Wir können nun W nach wachsenden Potenzen der ξ entwickeln und erhalten, wenn wir die Glieder der dritten und der höheren Potenzen vernachlässigen:

$$W = W_0 + W_1 + W_2.$$

Das konstante Glied W_0 dürfen wir Null setzen; dann liefert uns die Gleichung (16)

$$U_1' = \int W_1 \, d\tau \tag{17}$$

$$U_2' = \int W_2 \, d\tau. \tag{18}$$

Die Kräftefunktion U, welche in die Bewegungsgleichungen eingeht, wird nun unter Berücksichtigung der Gleichung (7)

$$U = U_2'' + \int \dot{W}_2 \, d\tau. \tag{19}$$

Nun können wir die Funktion W auch nach wachsenden Potenzen von ϱ entwickeln, wie wir es mit der Funktion U′ gethan hatten, und setzen, der Formel (15) entsprechend:

$$W_2 = \sum \frac{\partial F}{\partial R} \varrho_2 + \frac{1}{2} \sum \frac{\partial^2 F}{\partial R^2} \varrho_1{}^2 + \sum \frac{\partial^2 F}{\partial R \, \partial R'} \varrho_1 \varrho_1{}'; \tag{20}$$

hierbei erstrecken sich die Summationen nur auf die Moleküle des Elements $d\tau$.

Da die Grösse ϱ_1 linear und homogen in Bezug auf die Grössen $D\xi$, $D\eta$, $D\zeta$ ist, und ϱ_2 homogen und von der zweiten Potenz in Bezug auf dieselben Grössen, so folgt daraus, dass W_2 eine homogene Funktion zweiten Grades von $D\xi$, $D\eta$, $D\zeta$ ist.

14. Neue Hypothesen. — Weiter nehmen wir an, dass die Verschiebungen ξ, η, ζ kontinuirliche Funktionen der Koordinaten x, y, z sind, welche die Gleichgewichtslage der Moleküle bestimmen, und dass das Gleiche auch für ihre Differentialquotienten gilt. Diese Annahme ist berechtigt, denn wenn die relative Verschiebung zweier benachbarten Moleküle nicht sehr klein wäre, so würden dabei sehr beträchtliche elastische Reaktionen auftreten, in Folge deren ein solcher Zustand nicht dauernd bestehen könnte.

Unter der oben gemachten Annahme können wir nun die Funktionen ξ, η, ζ nach wachsenden Potenzen der Grössen x, y, z entwickeln, und erhalten

$$D\xi = \frac{\partial \xi}{\partial x} Dx + \frac{\partial \xi}{\partial y} Dy + \frac{\partial \xi}{\partial z} Dz + \frac{1}{2} \left[\frac{\partial^2 \xi}{\partial x^2} Dx^2 + \frac{\partial^2 \eta}{\partial y^2} Dy^2 + \cdots \right].$$

Die Grössen Dx, Dy, Dz bezeichnen die Zuwachse der Koordinaten, wenn man von einem Moleküle zu einem benachbarten Molekül übergeht, sie sind also von der Grössenordnung des Radius der molekularen Wirkungssphäre; die Quadrate dieser Grössen werden daher unendlich klein sein, so dass man sie im Allgemeinen vernachlässigen kann. Allerdings werden wir sehen, dass dies nicht in jedem Falle berechtigt ist, und dass namentlich eine der Theorien, welche die Dispersion des Lichtes erklären wollen, verlangt, dass man diese Grössen zweiter Ordnung beibehält. Vernachlässigt man sie aber, dann sind die Grössen $D\xi$, $D\eta$, $D\zeta$ als homogene lineare Funktionen von neun partiellen Differentialquotienten

$$\frac{\partial\xi}{\partial x}, \quad \frac{\partial\xi}{\partial y}, \quad \frac{\partial\xi}{\partial z}; \quad \frac{\partial\eta}{\partial x} \ldots$$

gegeben, und wir erhalten

$$(21) \qquad \begin{cases} D\xi = \frac{\partial\xi}{\partial x} Dx + \frac{\partial\xi}{\partial y} Dy + \frac{\partial\xi}{\partial z} Dz \\ D\eta = \frac{\partial\eta}{\partial x} Dx + \frac{\partial\eta}{\partial y} Dy + \frac{\partial\eta}{\partial z} Dz \\ D\zeta = \frac{\partial\zeta}{\partial x} Dx + \frac{\partial\zeta}{\partial y} Dy + \frac{\partial\zeta}{\partial z} Dz. \end{cases}$$

15. Untersuchung der Funktion W_2. — Wir sahen (§ 13), dass W_2 eine homogene Funktion zweiten Grades der Grössen $D\xi$, $D\eta$, $D\zeta$ ist, es ist also auch eine homogene Funktion zweiten Grades der neun partiellen Differentialquotienten $\frac{\partial\xi}{\partial x}$, $\frac{\partial\xi}{\partial y} \ldots$, die wir in der Folge häufig in der von Lagrange gewählten Form ξ_x', ξ_y', $\xi_z' \ldots$ schreiben werden. Das Quadrat eines Ausdrucks mit neun unabhängigen Variabeln besteht aber aus neun quadratischen Gliedern und soviel Produkten, als die Kombination zweiter Klasse von neun Elementen liefert, also $\frac{9 \cdot 8}{2} = 36$, und kann also 45 willkürliche Koefficienten enthalten. Wir wollen nun die Anzahl der Koefficienten bestimmen, welche in der Funktion W_2 wirklich auftreten.

Zu diesem Zwecke fassen wir das erste Glied $\sum \frac{\partial F}{\partial R} \varrho_2$ der in (20) entwickelten Funktion in's Auge. Die Glieder mit $\xi_x'^2$, welche in $\sum \frac{\partial F}{\partial R} \varrho_2$ vorkommen, können nur von $D\xi^2$ herrühren, denn weder $D\eta$ noch $D\zeta$ enthalten ξ_x'. Wir finden also durch Quadrirung der ersten Gleichung von (21)

$$D\xi^2 = \left(\frac{\partial\xi}{\partial x}\right)^2 Dx^2 + \left(\frac{\partial\xi}{\partial y}\right)^2 Dy^2 + \left(\frac{\partial\xi}{\partial z}\right)^2 Dz^2 + 2\,\frac{\partial\xi}{\partial x} \cdot \frac{\partial\xi}{\partial y}\, Dx\, Dy + \ldots,$$

und der Koefficient von $\xi_x'^2$ in $\sum \frac{\partial F}{\partial R} \varrho_2$ ist somit

$$\sum \frac{\partial F}{\partial R} Dx^2.$$

Dieselbe Grösse tritt auch noch als Koefficient von $\eta_x'^2$ und $\zeta_x'^2$ auf. Die Koefficienten der Quadrate der neun partiellen Differentialquotienten reduciren sich also auf drei:

$$\sum \frac{\partial F}{\partial R} Dx^2; \quad \sum \frac{\partial F}{\partial R} Dy^2; \quad \sum \frac{\partial F}{\partial R} Dz^2.$$

Der Koefficient des doppelten Produktes $2\,\frac{\partial \xi}{\partial x} \cdot \frac{\partial \xi}{\partial y}$ ist

$$\sum \frac{\partial F}{\partial R} Dx\,Dy.$$

Entwickelt man die Quadrate von $D\eta$ und $D\zeta$, so erkennt man leicht, dass bei den Produkten $2\,\frac{\partial \eta}{\partial x} \cdot \frac{\partial \eta}{\partial y}$; $2\,\frac{\partial \zeta}{\partial x} \cdot \frac{\partial \zeta}{\partial y}$ dieselbe Grösse als Koefficient auftritt. Die Koefficienten der neun doppelten Produkte, welche in $\sum \frac{\partial F}{\partial R} \varrho_2$ vorkommen, reduciren sich demnach auf die drei folgenden:

$$\sum \frac{\partial F}{\partial R} Dx\,Dy; \quad \sum \frac{\partial F}{\partial R} Dy\,Dz; \quad \sum \frac{\partial F}{\partial R} Dz\,Dx.$$

Somit enthält das erste Glied von W_2 nur sechs willkürliche Koefficienten; diese sind Null, wenn man annimmt, dass der äussere Druck im Gleichgewichtszustande Null ist, wie wir bereits in § 10 nachgewiesen haben.

16. Die beiden letzten Glieder von W_2 sind homogen in Bezug auf ϱ_1 und ϱ_1'. Ersetzt man in dem Ausdrucke für ϱ_1

$$\varrho_1 = 2\,(Dx\,D\xi + Dy\,D\eta + Dz\,D\zeta)$$

$D\xi$, $D\eta$, $D\zeta$ durch ihre Werthe aus (21), so findet man:

$$\frac{1}{2}\varrho_1 = \frac{\partial \xi}{\partial x} Dx^2 + \frac{\partial \eta}{\partial y} Dy^2 + \frac{\partial \zeta}{\partial z} Dz^2 + \left(\frac{\partial \xi}{\partial y} + \frac{\partial \eta}{\partial x}\right) Dx\,Dy + \left(\frac{\partial \eta}{\partial z} + \frac{\partial \zeta}{\partial y}\right) Dy\,Dz + \left(\frac{\partial \zeta}{\partial x} + \frac{\partial \xi}{\partial z}\right) Dz\,Dx, \tag{22}$$

d. h. ϱ_1 ist eine lineare und homogene Funktion der sechs Grössen

$$\frac{\partial \xi}{\partial x}; \quad \frac{\partial \eta}{\partial y}; \quad \frac{\partial \zeta}{\partial z}; \quad \frac{\partial \xi}{\partial y} + \frac{\partial \eta}{\partial x}; \quad \frac{\partial \eta}{\partial z} + \frac{\partial \zeta}{\partial y}; \quad \frac{\partial \zeta}{\partial x} + \frac{\partial \xi}{\partial z}.$$

Die Summe der beiden letzten Glieder von W_2 ist also eine homogene Funktion zweiten Grades dieser sechs Grössen; sie wird somit nur 21 willkürliche Koefficienten enthalten, und zwar 6 für die Quadrate und 15 für die doppelten Produkte.

17. Wir sehen also, dass in der Funktion W_2 im allgemeinsten Falle nur $21 + 6 = 27$ willkürliche Koefficienten auftreten würden, eine Zahl, die sich auf 21 reducirt, wenn der äussere Druck im Gleichgewichtszustande Null ist.

Unter der Annahme von Centralkräften sahen wir (§ 11), dass

$$\frac{\partial^2 F}{\partial R\, \partial R'} = 0.$$

In diesem Falle verschwindet das dritte Glied der Entwickelung (20) von W_2, und, wenn man im zweiten Gliede ϱ_1^2 durch seinen der Gleichung (22) entnommenen Werth ersetzt, so findet man, dass unter den 21 Koefficienten 6 einander gleich sind. So ist beispielsweise der

$$\text{Koeff. von } \left(\frac{\partial \xi}{\partial y} + \frac{\partial \eta}{\partial x}\right)^2 = \text{Koeff. von } 2\,\frac{\partial \xi}{\partial x} \cdot \frac{\partial \eta}{\partial y}.$$

$$\text{Koeff. von } 2\,\frac{\partial \zeta}{\partial z}\left(\frac{\partial \xi}{\partial y} + \frac{\partial \eta}{\partial x}\right) = \text{Koeff. von } 2\left(\frac{\partial \eta}{\partial z} + \frac{\partial \zeta}{\partial y}\right)\left(\frac{\partial \zeta}{\partial x} + \frac{\partial \xi}{\partial z}\right).$$

Die Zahl der willkürlichen Koefficienten reducirt sich in diesem Falle auf 15.

Fassen wir alles nochmals zusammen, so erhalten wir in dem Ausdrucke für W_2:

1. 27 Koefficienten im allgemeinsten Falle.
2. 21 Koefficienten, wenn der äussere Druck im Gleichgewichtszustande Null ist und die Kräfte nicht Centralkräfte sind.
3. 21 Koefficienten, wenn die Kräfte Centralkräfte sind und der äussere Druck im Gleichgewichtszustande von Null verschieden ist (Hypothese von Cauchy).
4. 15 Koefficienten, wenn die Kräfte Centralkräfte sind und der äussere Druck im Gleichgewichtszustande Null ist.

Der Werth dieser Koefficienten wird in einem beliebigen Medium im Allgemeinen von den Schwerpunktskoordinaten des Volumenelements $d\tau$ abhängen. Um die Untersuchung zu vereinfachen, behandeln wir den gewöhnlichsten Fall, und setzen voraus, dass das Medium homogen sei; dann werden die Koefficienten zu Konstanten.

18. Isotrope Funktionen. — Ein homogenes Medium heisst isotrop, wenn dasselbe nach allen Richtungen hin identisch ist. Dies ist z. B. der Fall beim Aether im leeren Raume, bei den gasförmigen und flüssigen Körpern, bei den amorphen festen Körpern, nicht aber bei den Krystallen. Aus dieser Definition folgt, dass bei einem isotropen Körper jede beliebige Ebene eine Symmetrieebene ist; speciell sind die Koordinatenebenen solche Symmetrieebenen. Die Bewegungsgleichungen und somit auch die Funktion W_2 dürfen sich also nicht ändern, wenn man an Stelle von x und ξ bzw. $-x$ und $-\xi$ setzt, an Stelle von y und η bzw. $-y$ und $-\eta$, endlich an Stelle von z und ζ bzw. $-z$ und $-\zeta$. Hierbei müssen wir noch darauf hinweisen, dass die isotropen Körper nicht die einzigen sind, welche diese Eigenschaft besitzen, sondern auch alle krystallisirten Körper mit drei senkrecht auf einander stehenden Symmetrieebenen, d. h. die Krystalle, welche zu den vier ersten Krystallsystemen gehören. Bei diesen und bei den isotropen Körpern darf die Funktion W_2 keine Glieder enthalten, welche bei einer der drei oben genannten Substitutionen ihr Vorzeichen wechseln. Es ist nun leicht einzusehen, dass die Glieder, welche bei einer derartigen Substitution ungeändert bleiben, in vier Gruppen zerfallen.

1. Die quadratischen Glieder von der Form $\left(\frac{\partial \xi}{\partial x}\right)^2$.

2. Die quadratischen Glieder von der Form $\left(\frac{\partial \xi}{\partial y}\right)^2$.

3. Die Produkte von der Form $\frac{\partial \xi}{\partial x} \cdot \frac{\partial \eta}{\partial y}$.

4. Die Produkte von der Form $\frac{\partial \xi}{\partial y} \cdot \frac{\partial \eta}{\partial x}$.

Bei den isotropen Körpern und den Krystallen des hexagonalen Systems haben alle Glieder ein und derselben Gruppe denselben Koefficient, denn hier spielen die drei Richtungen der Koordinatenaxe dieselbe Rolle. Wir können also zwei der Axen oder auch alle drei Axen vertauschen, ohne am Werthe von W_2 etwas zu ändern, mit anderen Worten, W_2 muss seinen Werth beibehalten, wenn man darin beispielsweise x mit y und ξ mit η vertauscht. Soll das der Fall sein, dann müssen die Grössen

$$\left(\frac{\partial \xi}{\partial x}\right)^2, \quad \left(\frac{\partial \eta}{\partial y}\right)^2, \quad \left(\frac{\partial \zeta}{\partial z}\right)^2$$

die gleichen Koefficienten besitzen, und daher treten die Glieder der ersten Gruppe in der Funktion W_2 in Gestalt der Summe

$$\left(\frac{\partial \xi}{\partial x}\right)^2 + \left(\frac{\partial \eta}{\partial y}\right)^2 + \left(\frac{\partial \zeta}{\partial z}\right)^2$$

auf. Das Gleiche gilt für die Glieder der drei anderen Gruppen, somit ist die Funktion W_2 die Summe aus vier homogenen Polynomen zweiten Grades in Bezug auf die neun partiellen Differentialquotienten, welche noch mit numerischen Koefficienten multiplicirt sind. Diese vier Polynome sind:

$$\xi_x'^2 + \eta_y'^2 + \zeta_z'^2,$$

$$\xi_y'^2 + \xi_z'^2 + \eta_x'^2 + \eta_z'^2 + \zeta_x'^2 + \zeta_y'^2,$$

$$\xi_x' \eta_y' + \xi_x' \zeta_z' + \eta_y' \zeta_z',$$

$$\xi_y' \eta_x' + \xi_z' \zeta_x' + \eta_z' \zeta_y'.$$

19. Wir haben nun zu untersuchen, ob diese vier unabhängigen Polynome auch in dem Falle auftreten werden, dass wir es mit einem vollständig isotropen Körper zu thun haben; wir werden zeigen, dass sie sich dann auf drei reduciren, die wir isotrope Polynome nennen wollen.

Da bei einem isotropen Körper alle Richtungen identisch sind, so darf sich der Ausdruck eines isotropen Polynoms nicht ändern, wenn man eine beliebige Koordinatenänderung vornimmt, bei welcher der Koordinatenursprung ungeändert bleibt; die Form eines isotropen Polynoms muss also von der Wahl der Koordinatenaxen unabhängig sein.

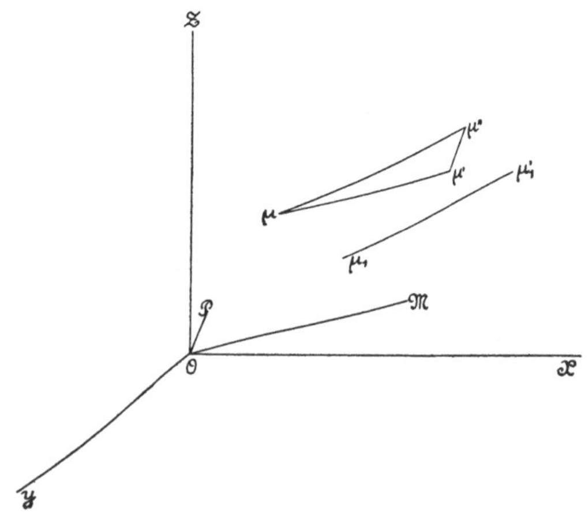

Fig. 2.

Das Molekül μ (Fig. 2) eines isotropen Medium habe die Koordinaten x, y, z, ein benachbartes Molekül μ' die Koordinaten $x + Dx$, $y + Dy$, $z + Dz$. Wenn das Molekül μ aus seiner Gleichgewichtslage verschoben worden ist, möge es sich im Punkte μ_1 mit den Koordinaten $x+\xi$, $y+\eta$, $z+\zeta$ befinden, während das Molekül μ' dann zum Punkte μ_1' mit den Koordinaten $x+\xi+Dx+D\xi$; $y+\eta+Dy+D\eta$; $z+\zeta+Dz+D\zeta$ gelangt ist. Wir ziehen nun durch den Punkt μ die Gerade $\mu\mu''$ gleich und parallel $\mu_1\mu_1'$ und verbinden μ' mit μ''. Ferner legen wir durch den Koordinatenanfangspunkt O eine Gerade OM gleich und parallel $\mu\mu'$ und eine Gerade OP gleich und parallel $\mu'\mu''$, dann hat der Punkt M die Koordinaten Dx, Dy, Dz, der Punkt P die Koordinaten $D\xi$, $D\eta$, $D\zeta$. Bezeichnen wir die Länge der Geraden OP mit l, so haben wir

$$l^2 = D\xi^2 + D\eta^2 + D\zeta^2, \tag{23}$$

und da nach Gleichung (21) $D\xi$, $D\eta$, $D\zeta$ homogene Funktionen ersten Grades von Dx, Dy, Dz sind, so ist l^2 eine homogene Funktion zweiten Grades von den Koordinaten des Punktes M. In Folge dessen ist der geometrische Ort der sämmtlichen Punkte M, für welche die Länge OP konstant bleibt, ein Ellipsoid, dessen Centrum in O liegt. Da das Medium isotrop sein sollte, so müssen wir immer dasselbe Ellipsoid finden, welches auch die Richtung der Koordinatenaxen sein möge. Die Gleichung des Ellipsoids wird naturgemäss von der Wahl der Axen abhängen, aber das Ellipsoid selbst wird sich nicht ändern, wenn man die drei Koordinatenebenen ändert. Nun gibt es bekanntlich bei einem im Raume festen Ellipsoid gewisse Funktionen der Koefficienten der Ellipsoidgleichung, die unter dem Namen der Invarianten bekannt sind und welche von der Wahl der Axen nicht abhängen; diese müssen also isotrope Funktionen sein. Eine dieser Invarianten ist die Summe aus den Quadraten der Koefficienten der quadratischen Glieder; um sie zu finden, ersetzen wir in Gleichung (23) die Grössen $D\xi$, $D\eta$, $D\zeta$ durch ihre Werthe (21). Wir erhalten dann zwischen den Koordinaten Dx, Dy, Dz des Punktes M eine Gleichung, welche gerade die Gleichung unseres Ellipsoids darstellt, und finden für den Koefficient von Dx^2 die Summe

$$\xi_x'^2 + \eta_x'^2 + \zeta_x'^2;$$

der Koefficient von Dy^2 wird

$$\xi_y'^2 + \eta_y'^2 + \zeta_y'^2,$$

derjenige von Dz^2

$$\xi_z'^2 + \eta_z'^2 + \zeta_z'^2.$$

Die Summe dieser drei Koefficienten wird also eine isotrope

Funktion sein; wir bezeichnen dieselbe, d. h. die Summe aus den Quadraten der neun partiellen Differentialquotienten, mit

(24) $$H = \Sigma \xi_x'^2.$$

20. Um noch andere isotrope Funktionen zu finden, betrachten wir den Fall, wo die Moleküle μ und μ' sich derart verschieben, dass die Gerade $\mu\mu'$ immer parallel zu sich selbst bleibt; dann sind auch die Geraden OP und OM parallel, und wir haben, wenn wir das Verhältniss ihrer Längen mit α bezeichnen:

$$D\xi = \alpha Dx; \quad D\eta = \alpha Dy; \quad D\zeta = \alpha Dz.$$

Durch Einsetzen dieser Werthe in die Gleichungen (21) des § 14 erhalten wir

$$\alpha Dx = \xi_x' Dx + \xi_y' Dy + \xi_z' Dz$$

$$\alpha Dy = \eta_x' Dx + \eta_y' Dy + \eta_z' Dz$$

$$\alpha Dz = \zeta_x' Dx + \zeta_y' Dy + \zeta_z' Dz.$$

Die Elimination von Dx, Dy, Dz aus diesen Gleichungen führt zur Determinante

$$\begin{vmatrix} \xi_x' - \alpha & \xi_y' & \xi_z' \\ \eta_x' & \eta_y' - \alpha & \eta_z' \\ \zeta_x' & \zeta_y' & \zeta_z' - \alpha \end{vmatrix} = 0.$$

Aus dieser Gleichung lässt sich α bestimmen. Da diese Grösse offenbar nicht von der Wahl der Koordinatenaxen abhängt, so sind die Koefficienten der Gleichung für α Invarianten. Der Koefficient des Gliedes α^2 ist

$$\xi_x' + \eta_y' + \zeta_z'.$$

Diese neue isotrope Funktion bezeichnen wir mit Θ und betrachten, da sie in der zweiten Potenz in die Funktion von W_2 eingeht, ihr Quadrat

(25) $$\Theta^2 = (\xi_x' + \eta_y' + \zeta_z')^2.$$

21. Die Funktion Θ hat eine interessante geometrische Bedeutung.

Der Ausdruck für das Volumen eines im Gleichgewichte befindlichen Theils des elastischen Medium ist

$$\iiint dx\, dy\, dz.$$

In Folge der Deformation des Medium werden die Schwerpunktskoordinaten eines Volumenelements $x+\xi$, $y+\eta$, $z+\zeta$, und das Volumen des betreffenden Theiles erhält den Werth

$$\int\int\int (dx + d\xi)\,(dy + d\eta)\,(dz + d\zeta).$$

Sind nun in einem Integrale

$$\int\int\int \mathrm{F}\,(x, y, z)\,dx\,dy\,dz$$

die x, y, z Funktionen dreier neuen Variabeln α, β, γ, so wird dies Integral, wenn man die α, β, γ als neue Variabeln wählt,

$$\int\int\int \Phi\,(\alpha, \beta, \gamma)\,\frac{\mathrm{D}\,(x, y, z)}{\mathrm{D}\,(\alpha, \beta, \gamma)}\,d\alpha\,d\beta\,d\gamma\,;$$

hierbei bezeichnet $\frac{\mathrm{D}\,(x, y, z)}{\mathrm{D}\,(\alpha, \beta, \gamma)}$ die Funktionaldeterminante von x, y, z nach α, β, γ. Sonach erhalten wir für das Volumen nach der Deformation den Ausdruck:

$$\int\int\int \frac{\mathrm{D}\,[(x+\xi),\,(y+\eta),\,(z+\zeta)]}{\mathrm{D}\,(x, y, z)}\,dx\,dy\,dz.$$

Der Werth der Funktionaldeterminante, welcher in diesem Integral auftritt, ist

$$\begin{vmatrix} 1+\xi'_x & \xi'_y & \xi'_z \\ \eta'_x & 1+\eta'_y & \eta'_z \\ \zeta'_x & \zeta'_y & 1+\zeta'_z \end{vmatrix};$$

behält man bei der Entwickelung derselben nur die ersten Potenzen der Differentialquotienten bei, so findet man

$$1 + \xi'_x + \eta'_y + \zeta'_z,$$

d. h.

$$1 + \Theta.$$

Durch Einsetzen dieses Werthes in das Integral für das Volumen nach der Deformation folgt

$$\int\int\int (1 + \Theta)\,dx\,dy\,dz.$$

Ein Volumenelement $dx\,dy\,dz$ wird also nach der Deformation $(1 + \Theta)\,dx\,dy\,dz$; demnach ist Θ der Koefficient der kubischen Dilatation des Medium.

22. Wir kehren nun zu unserer Gleichung für α zurück. Der Koefficient des Gliedes $-\alpha$ ist

$$(26)\qquad K = \xi'_x\,\eta'_y - \xi'_y\,\eta'_x + \eta'_y\,\zeta'_z - \eta'_z\,\zeta'_y + \zeta'_z\,\xi'_x - \zeta'_x\,\xi'_z.$$

Dies ist ein drittes isotropes Polynom, welches sich schreiben lässt

$$K = \frac{D(\xi,\eta)}{D(x,y)} + \frac{D(\eta,\zeta)}{D(y,z)} + \frac{D(\zeta,\xi)}{D(z,x)}.$$

23. Die drei isotropen Polynome zweiten Grades H, Θ^2, K sind auch drei unabhängige Polynome; andere können nicht vorkommen, denn wenn es deren vier gäbe, so würden alle Körper mit kubischer Symmetrie, für welche die Funktion W_2 eine Summe von vier unabhängigen Polynomen zweiten Grades ist, gleichzeitig auch isotrop sein. Uebrigens ist bei Körpern mit kubischer Symmetrie das erste der in W_2 auftretenden Polynome (§ 18)

$$\xi'^2_x + \eta'^2_y + \zeta'^2_z$$

kein isotropes Polynom, denn es bleibt bei einer Drehung der Axen nicht ungeändert, wie man leicht erkennen kann, wenn man die Axen der x und y in der XY-Ebene um 45° dreht.

24. Ausdruck von W_2 bei isotropen Körpern. — Die Funktion W_2 kann nur die drei isotropen Polynome enthalten, die wir soeben gefunden haben, und da sie eine homogene Funktion zweiten Grades von den 9 partiellen Differentialquotienten ξ'_x, ξ'_y ..... ist, so muss sie linear und homogen in Bezug auf die drei isotropen Polynome sein, denn diese sind ihrerseits homogen und vom zweiten Grade in Bezug auf die 9 partiellen Differentialquotienten. W_2 wird sich also in der Form

$$(27)\qquad W_2 = \lambda\,K + \mu\,H + \nu\,\Theta^2$$

darstellen lassen.

Wir wollen diesen Ausdruck mit der Entwickelung (20) derselben Funktion vergleichen. Das erste Glied dieser Entwickelung und die Gesammtheit der beiden letzten müssen für sich isotrop sein, denn in einem isotropen Medium muss jede symmetrische Funktion der gegenseitigen Abstände der Punkte, an welchen sich die Moleküle vor und nach der Verschiebung befinden, eine isotrope Funktion sein.

Wir fassen zunächst das erste Glied $\sum \frac{\partial F}{\partial R}\varrho_2$ dieses Ausdruckes in's Auge, und wollen zeigen, dass es gleich dem mit einem konstanten Faktor multiplicirten Polynom H ist.

Wie wir bei der Untersuchung der Funktion W_2 (§ 15) sahen, würde man, wenn im ersten Gliede der Entwickelung dieser Funktion die Grössen $D\xi$, $D\eta$, $D\zeta$ durch ihre in Gleichung (21) gegebenen Werthe ersetzt werden, für dies Glied ein homogenes Polynom zweiten Grades der 9 partiellen Differentialquotienten erhalten, welches die Quadrate dieser Differentialquotienten sowie die 9 doppelten Produkte von der Form $\frac{\partial \xi}{\partial x} \cdot \frac{\partial \xi}{\partial y}$ enthielte. Da dies Glied aber eine isotrope Funktion ist, so können diese doppelten Produkte darin nicht vorkommen, denn sie finden sich nicht in den vier Gruppen von Gliedern, welche bei Körpern mit kubischer Symmetrie auftreten (§ 18); das erste Glied von W_2 reducirt sich also auf ein Polynom, das nur die Quadrate der partiellen Differentialquotienten enthält. Es kann auch nicht Θ und K enthalten, denn in der Funktion K kommen die doppelten Produkte von der Form $\xi_y' \, \eta_x'$ vor, die sich nicht mit den in Θ^2 vorhandenen doppelten Produkten wegheben können, denn die letzteren haben eine andere Form. Es muss also sein

$$\sum \frac{\partial \mathrm{F}}{\partial \mathrm{R}} \varrho_2 = \mu_1 \mathrm{H}. \tag{28}$$

25. Die Gesammtheit der beiden letzten Glieder

$$\frac{1}{2} \sum \frac{\partial^2 \mathrm{F}}{\partial \mathrm{R}^2} \varrho_1^2 + \sum \frac{\partial^2 \mathrm{F}}{\partial \mathrm{R}\, \partial \mathrm{R}'} \varrho_1 \varrho_1'$$

in dem Ausdrucke (20) der Funktion W_2 ist bei isotropen Körpern ebenfalls eine isotrope Funktion, und es ergibt sich aus den Gleichungen (20), (27) und (28) die Beziehung

$$\frac{1}{2} \sum \frac{\partial^2 \mathrm{F}}{\partial \mathrm{R}^2} \varrho_1^2 + \sum \frac{\partial^2 \mathrm{F}}{\partial \mathrm{R}\, \partial \mathrm{R}'} \varrho_1 \varrho_1' = \lambda \mathrm{K} + (\mu - \mu_1) \mathrm{H} + \nu \Theta^2. \tag{29}$$

Bei der Untersuchung der Funktion W_2 (§ 16) wiesen wir nach, dass im allgemeinen Falle die linke Seite dieser Gleichung eine homogene Funktion zweiten Grades von folgenden sechs Grössen ist:

$$\xi_x', \quad \eta_y', \quad \zeta_z';$$

$$\xi_y' + \eta_x'; \quad \eta_z' + \zeta_y'; \quad \zeta_x' + \xi_z'.$$

Die Glieder $\xi_y'^2$ und $2\, \xi_y' \, \eta_x'$ können nur vom Quadrat der Grösse $(\xi_y' + \eta_x')$ herrühren, sie müssen also denselben Koefficient haben. Nun findet sich aber das Glied $\xi_y'^2$ nur in der Funktion H, wo es mit dem Koefficient 1 behaftet ist, es wird also in die rechte Seite der Gleichung (29) mit dem Koefficient $(\mu - \mu_1)$ eingehen. Das

Glied $2\,\xi_y'\,\eta_x'$ kann nur aus der Funktion K kommen, wo es den Koefficient $-\frac{1}{2}$ besitzt; der Koefficient, mit welchem es in die rechte Seite der Gleichung (29) eingeht, wird also $-\frac{\lambda}{2}$ sein. Da nun die beiden betrachteten Terme auf der linken Seite der Gleichung (29) denselben Koefficienten besitzen, so muss dies auch auf der rechten Seite der Fall sein, und wir erhalten daher:

$$\mu - \mu_1 = -\frac{\lambda}{2}. \tag{30}$$

26. Setzt man voraus, dass der äussere Druck im Gleichgewichtszustande Null sei, so verschwindet das Glied $\sum \frac{\partial F}{\partial R}\,\varrho_2$ der Entwickelung von W_2 (§ 15); demnach ist $\mu_1 =$ Null, und die obige Beziehung wird

$$\mu = -\frac{\lambda}{2}. \tag{31}$$

Es bleiben dann also nur zwei willkürliche Koefficienten in der Funktion W_2.

Unter der Annahme von Centralkräften ist das Glied

$$\sum \frac{\partial^2 F}{\partial R\,\partial R'}\,\varrho_1\,\varrho_1'$$

Null (vgl. § 17), und die linke Seite der Gleichung (29) reducirt sich auf

$$\frac{1}{2}\sum \frac{\partial^2 F}{\partial R^2}\,\varrho_1^2.$$

Nun sahen wir, dass, wenn man ϱ_1^2 durch seinen aus Gleichung (22) folgenden Werth ersetzt, der Koefficient von $\left(\frac{\partial \xi}{\partial y} + \frac{\partial \eta}{\partial x}\right)^2$ gleich dem Koefficient von $2\frac{\partial \xi}{\partial x}\cdot\frac{\partial \eta}{\partial y}$ ist. Demnach muss auf der linken Seite der Gleichung (29) der Koefficient von $\xi_y'^2$ gleich demjenigen von $2\,\xi_x'\,\eta_y'$ sein, und dasselbe muss für die rechte Seite dieser Gleichung gelten. Nun hat hier das Glied $\xi_y'^2$ den Koefficient $(\mu - \mu_1)$; da nun das Glied $2\,\xi_x'\,\eta_y'$ in Θ^2 mit dem Koefficient 1 und in K mit dem Koefficient $\frac{1}{2}$ behaftet ist, so tritt es auf der rechten Seite von (29) mit dem Koefficient $\left(\nu + \frac{\lambda}{2}\right)$ auf; wir haben somit die Gleichung

$$\mu - \mu_1 = \nu + \frac{\lambda}{2}.$$

Ersetzen wir darin $\mu - \mu_1$ durch seinen aus Gleichung (30) folgenden Werth, so erhalten wir

$$\lambda + \nu = 0; \tag{32}$$

somit ist die Zahl der willkürlichen Koefficienten auf zwei reducirt.

27. Fassen wir nochmals alles zusammen, so finden wir: Die Funktion W_2 der inneren Kräfte, welche bei der Deformation eines isotropen Medium auftreten, ist eine homogene Funktion zweiten Grades der 9 Differentialquotienten der Grössen ξ, und enthält höchstens drei willkürliche Koefficienten λ, μ, ν. Die Zahl dieser Koefficienten kann sich aber in gewissen speciellen Fällen noch verringern, und zwar erhalten wir:

1. Drei willkürliche Koefficienten im allgemeinsten Falle.
2. Zwei Koefficienten, wenn der äussere Druck im Gleichgewichtszustande Null ist und die Kräfte nicht centrale sind.
3. Zwei Koefficienten, wenn die Kräfte centrale sind und der äussere Druck im Gleichgewichtszustande von Null verschieden ist (Annahme von Cauchy).
4. Einen einzigen Koefficienten, wenn die Kräfte centrale sind und der äussere Druck im Gleichgewichtszustand Null ist, denn in diesem Falle gelten die Gleichungen (31) und (32) gleichzeitig.

28. Ausdruck von W_1 als Funktion der partiellen Differentialquotienten. — Die Funktion W_1 ist das Glied ersten Grades in der Entwickelung der Funktion W nach wachsenden Potenzen der ξ (§ 13). Wie die Funktion U′, so lässt sich auch diese Funktion nach wachsenden Potenzen von ϱ entwickeln, und wir erhalten unter Berücksichtigung der Gleichungen (12) und (17):

$$W_1 = \sum \frac{\partial F}{\partial R} \varrho_1,$$

wobei sich die Summation lediglich auf die Moleküle des Volumenelements $d\tau$ erstreckt. Ersetzt man ϱ_1 durch seinen aus Gleichung (22) folgenden Werth, so findet man

$$\frac{1}{2} W_1 = \xi'_x \sum \frac{\partial F}{\partial R} Dx^2 + \eta'_y \sum \frac{\partial F}{\partial R} Dy^2 + \xi'_z \sum \frac{\partial F}{\partial R} Dz^2$$

$$+ (\xi'_y + \eta'_x) \sum \frac{\partial F}{\partial R} Dx\, Dy + \ldots\ldots$$

Dies ist also eine homogene Funktion ersten Grades der 9 partiellen Differentialquotienten.

29. Aeussere Drucke. — Bewegungsgleichungen. — Wir fassen eine geschlossene Oberfläche S in's Auge (Fig. 1), welche das elastische Medium in zwei Theile zerlegt, den einen, R, innerhalb der Oberfläche, den anderen, R', ausserhalb derselben. Die verschiedenen Moleküle von R' wirken auf die Moleküle von R, aber, da der Radius der molekularen Wirkungssphäre nur sehr klein ist, so unterliegen nur die der Oberfläche von R benachbarten Moleküle den Wirkungen der Moleküle in R'.

Diese Wirkungen lassen sich durch ein System von Kräften ersetzen, welche an den Elementen $d\omega$ der Oberfläche S angreifen, und die im Allgemeinen schräg gegen das betreffende Element gerichtet sind. Wir bezeichnen die Komponenten des äusseren Druckes auf das Element $d\omega$ nach den drei Koordinatenaxen mit

$$P_x d\omega; \qquad P_y d\omega; \qquad P_z d\omega;$$

dies sind äussere Kräfte für das System, wenn man nur das von der Oberfläche begrenzte Volumen R betrachtet. Die Anwendung des Princips von d'Alembert und des Princips der virtuellen Geschwindigkeiten wird uns gestatten, die Werthe der Druckkomponenten zu bestimmen, und wird uns gleichzeitig auch eine neue Form der Bewegungsgleichungen liefern.

Bezeichnet ϱ die Dichte eines Volumenelements $d\tau$ (in Zukunft soll der Buchstabe ϱ ausschliesslich diese Bedeutung besitzen), so ist die Masse des Elements $\varrho d\tau$, und die drei Komponenten der Trägheitskräfte, welche auf dies Element wirken müssen, damit es sich nach dem d'Alembert'schen Princip im Gleichgewichte befindet, sind

$$-\varrho d\tau \frac{\partial^2 \xi}{\partial t^2}; \qquad -\varrho d\tau \frac{\partial^2 \eta}{\partial t^2}; \qquad -\varrho d\tau \frac{\partial^2 \zeta}{\partial t^2}.$$

Wenn alle Volumenelemente von R unter der Einwirkung der bewegenden Kräfte und der Trägheitskräfte in Ruhe sind, so kann man auf dies Volumen das Princip von den virtuellen Geschwindigkeiten anwenden: *In einem im Gleichgewichte befindlichen System ist die Summe der virtuellen Arbeiten Null.* Bezeichnet man mit U die Kräftefunktion der sämmtlichen auf R wirkenden inneren und äusseren Kräfte, dann ist die Summe der virtuellen Arbeiten dieser Kräfte δU; nennt man ferner $\delta\xi$, $\delta\eta$, $\delta\zeta$ die Projektionen der virtuellen Verrückung eines Elements $d\tau$, so wird die virtuelle Arbeit der Trägheitskraft

$$-\varrho d\tau \left(\frac{\partial^2 \xi}{\partial t^2} \delta\xi + \frac{\partial^2 \eta}{\partial t^2} \delta\eta + \frac{\partial^2 \zeta}{\partial t^2} \delta\zeta \right) \cdot$$

Die Summe der Arbeiten sämmtlicher Trägheitskräfte wird also sein

$$-\int \varrho d\tau \left(\frac{\partial^2 \xi}{\partial t^2} \delta\xi + \frac{\partial^2 \eta}{\partial t^2} \delta\eta + \frac{\partial^2 \zeta}{\partial t^2} \delta\zeta \right),$$

und nach dem Princip von den virtuellen Geschwindigkeiten erhält man:

$$\delta \mathrm{U} - \int \varrho d\tau \left(\frac{\partial^2 \xi}{\partial t^2} \delta\xi + \frac{\partial^2 \eta}{\partial t^2} \delta\eta + \frac{\partial^2 \zeta}{\partial t^2} \delta\zeta \right) = 0, \tag{33}$$

welches auch die $\delta\xi$, $\delta\eta$, $\delta\zeta$ sein mögen.

Nach Gleichung (19) ist

$$\delta \mathrm{U} = \delta \mathrm{U}'' + \int \delta \mathrm{W}\, d\tau,$$

und zwar bedeutet $\delta \mathrm{U}''$ die Summe der virtuellen Arbeiten der äusseren Kräfte, mit anderen Worten, der oben definirten Drucke; wir haben also:

$$\delta \mathrm{U}'' = \int d\omega\, (\mathrm{P}_x \delta\xi + \mathrm{P}_y \delta\eta + \mathrm{P}_z \delta\zeta),$$

wobei sich das Integral über die ganze Oberfläche erstreckt. Nimmt man an, dass die Komponenten $\delta\eta$ und $\delta\zeta$ der Verschiebung Null sind, dann reducirt sich die virtuelle Arbeit der äusseren Kräfte auf

$$\delta \mathrm{U}'' = \int d\omega\, \mathrm{P}_x \delta\xi.$$

Die auf die inneren Kräfte bezügliche Funktion W ist eine Funktion der 9 partiellen Differentialquotienten der ξ. In Folge der virtuellen Verrückung des Systems ändert sich im Allgemeinen jeder dieser Differentialquotienten, aber in dem speciellen Falle, wo $\delta\eta = \delta\zeta = 0$, sind die einzigen Derivirten, deren Werth sich ändert, ξ_x', ξ_y' ξ_z'. Demnach ist

$$\delta \mathrm{W} = \frac{\partial \mathrm{W}}{\partial \xi_x'} \delta\xi_x' + \frac{\partial \mathrm{W}}{\partial \xi_y'} \delta\xi_y' + \frac{\partial \mathrm{W}}{\partial \xi_z'} \delta\xi_z = \sum \frac{\partial \mathrm{W}}{\partial \xi_x'} \delta\xi_x'.$$

Nun ist $\delta\xi_x'$, d. h. $\delta \frac{\partial \xi}{\partial x}$, gleich $\frac{\partial}{\partial x} \delta\xi$, somit wird der Ausdruck für δW

$$\delta \mathrm{W} = \sum \frac{\partial \mathrm{W}}{\partial \xi_x'} \frac{\partial}{\partial x} \delta\xi.$$

Wir haben demnach

$$\delta U = \int d\omega \, P_x \delta\xi + \int d\tau \sum \frac{\partial W}{\partial \xi_x'} \frac{\partial}{\partial x} \delta\xi .$$

Führt man diesen Werth in Gleichung (33) ein und setzt dabei in dem Gliede, das sich auf die Arbeit der Trägheitskräfte bezieht, $\delta\eta = \delta\zeta = 0$, so erhält man:

$$(34) \qquad \int d\omega \, P_x \delta\xi + \int d\tau \sum \frac{\partial W}{\partial \xi_x'} \frac{\partial}{\partial x} \delta\xi - \int \varrho d\tau \frac{\partial^2 \xi}{\partial t^2} \delta\xi = 0 .$$

30. Diesen Ausdruck, der neben $\delta\xi$ auch noch dessen Differentialquotient nach x enthält, müssen wir nun umformen. Zu diesem Zwecke wenden wir den folgenden Satz an, der gewöhnlich zum Beweise des Greenschen Theorems in der Potentialtheorie dient.

Bedeutet F eine Funktion der Koordinaten x, y, z eines Punktes, und α den cos. des Winkels zwischen der Normalen eines Elements $d\omega$ einer geschlossenen Oberfläche S und der X-Axe, so ist das Integral von $F\alpha d\omega$, ausgedehnt über alle Elemente der Oberfläche S, gleich dem Integral von $\frac{\partial F}{\partial x} dx$, ausgedehnt über alle Volumenelemente $d\tau$ des von der Oberfläche S begrenzten Volumens R.

Setzen wir nun $F = \frac{\partial W}{\partial \xi_x'} \delta\xi$, so erhalten wir

$$\int \frac{\partial W}{\partial \xi_x'} \delta\xi \, \alpha \, d\omega = \int \frac{\partial \left(\frac{\partial W}{\partial \xi_x'} \delta\xi \right)}{\partial x} d\tau = \int \frac{\partial \frac{\partial W}{\partial \xi_x'}}{\partial x} \delta\xi \, d\tau + \int \frac{\partial W}{\partial \xi_x'} \frac{\partial \, \delta\xi}{\partial x} d\tau$$

und entsprechend

$$\int \frac{\partial W}{\partial \xi_y'} \delta\xi \, \beta \, d\omega = \int \frac{\partial \frac{\partial W}{\partial \xi_y'}}{\partial y} \delta\xi \, d\tau + \int \frac{\partial W}{\partial \xi_y'} \frac{\partial \, \delta\xi}{\partial y} d\tau$$

$$\int \frac{\partial W}{\partial \xi_z'} \delta\xi \, \gamma \, d\omega = \int \frac{\partial \frac{\partial W}{\partial \xi_z'}}{\partial z} \delta\xi \, d\tau + \int \frac{\partial W}{\partial \xi_z'} \frac{\partial \, \delta\xi}{\partial z} d\tau .$$

Durch gliedweise Addition dieser drei Gleichungen folgt:

$$\int \delta\xi \, d\omega \sum \alpha \frac{\partial W}{\partial \xi_x} = \int \delta\xi \, d\tau \sum \frac{\partial \frac{\partial W}{\partial \xi_x'}}{\partial x} + \int d\tau \sum \frac{\partial W}{\partial \xi_x'} \frac{\partial \, \delta\xi}{\partial x}$$

oder:

$$\int d\tau \sum \frac{\partial W}{\partial \xi'_x} \frac{\partial \delta\xi}{\partial x} = \int \delta\xi \, d\omega \sum \alpha \frac{\partial W}{\partial \xi'_x} - \int \delta\xi \, d\tau \sum \frac{\partial \frac{\partial W}{\partial \xi'_x}}{\partial x} .$$

Die linke Seite dieser Gleichung ist aber gerade das Glied der Gleichung (34), welches den Differentialquotient von $\delta\xi$ enthält; ersetzen wir dasselbe durch den gefundenen Werth, so erhalten wir:

$$\int d\omega \, P_x \, \delta\xi + \int \delta\xi \, d\omega \sum \alpha \frac{\partial W}{\partial \xi'_x} - \int \delta\xi \, d\tau \sum \frac{\partial \frac{\partial W}{\partial \xi'_x}}{\partial x} - \int \varrho \, d\tau \frac{\partial^2 \xi}{\partial t^2} \delta\xi = 0,$$

oder, wenn man die Oberflächen- und die Volumenintegrale zusammenfasst:

$$\int \delta\xi \, d\omega \left(P_x + \sum \alpha \frac{\partial W}{\partial \xi'_x}\right) - \int \delta\xi \, d\tau \left(\varrho \frac{\partial^2 \xi}{\partial t^2} + \sum \frac{\partial \frac{\partial W}{\partial \xi'_x}}{\partial x}\right) = 0 .$$

Diese Gleichung gilt für jeden beliebigen Werth von $\delta\xi$, daher müssen die Koefficienten von $\delta\xi \, d\omega$ und $\delta\xi \, d\tau$ Null sein; wir erhalten somit

(35) $$P_x = - \sum \alpha \frac{\partial W}{\partial \xi_x}$$

und

(36) $$- \varrho \frac{\partial^2 \xi}{\partial t^2} = \sum \frac{\partial}{\partial x} \frac{\partial W}{\partial \xi'_x} .$$

31. Die erste dieser Gleichungen liefert den Werth der X-Komponente des Druckes; setzen wir

$$- \frac{\partial W}{\partial \xi'_x} = P_{xx}; \qquad - \frac{\partial W}{\partial \xi'_y} = P_{xy}; \qquad - \frac{\partial W}{\partial \xi'_z} = P_{xz},$$

so wird der Ausdruck für diese Komponente

$$P_x = \alpha P_{xx} + \beta P_{xy} + \gamma P_{xz} .$$

Die Grösse P_{xx} in diesem Ausdrucke lässt sich aber schreiben

$$P_{xx} = - \frac{\partial W}{\partial \xi'_x} = - \frac{\partial W_1}{\partial \xi'_x} - \frac{\partial W_2}{\partial \xi'_x} .$$

Nun ist W_1 eine homogene lineare Funktion der partiellen Differentialquotienten, W_2 eine Funktion zweiten Grades derselben Grössen, somit ist das erste Glied von P_{xx} eine Konstante und das zweite Glied eine Funktion ersten Grades der partiellen Derivirten.

Befindet sich das Medium in seiner Gleichgewichtslage, so sind die Grössen ξ Null, und, da Null den Minimalwerth für diese Grössen darstellt, so sind auch ihre Differentialquotienten ξ_x', ξ_y' .... Null; demnach verschwindet das zweite Glied von P_{xx}, und der Werth von P_{xx} für die Gleichgewichtslage wird:

$$P_{xx} = -\frac{\partial W_1}{\partial \xi_x'}.$$

Nach dem Werthe, den wir in § 28 für W_1 fanden, ist

$$P_{xx} = -2\sum \frac{\partial F}{\partial R} Dx^2.$$

Entsprechend würde man für die Gleichgewichtslage des Systems finden

$$P_{xy} = -2\sum \frac{\partial F}{\partial R} Dx\, Dy; \qquad P_{xz} = -2\sum \frac{\partial F}{\partial R} Dx\, Dz \dots ;$$

diese Ausdrücke zeigen, dass, wenn die sechs Grössen

$$\sum \frac{\partial F}{\partial R} Dx^2, \qquad \sum \frac{\partial F}{\partial R} Dy^2, \qquad \sum \frac{\partial F}{\partial R} Dz^2$$

$$\sum \frac{\partial F}{\partial R} Dy\, Dz, \qquad \sum \frac{\partial F}{\partial R} Dz\, Dx, \qquad \sum \frac{\partial F}{\partial R} Dx\, Dy$$

Null sind, auch der äussere Druck im Gleichgewichtszustande Null sein muss. Dies ist gerade das Reciproke der Eigenschaft, welche wir in § 10 nachwiesen.

32. Wir wollen nun die Gleichung (36) in's Auge fassen, welche eine der Bewegungsgleichungen darstellt. Ersetzt man darin W durch $W_1 + W_2$, so wird dieselbe:

$$-\varrho \frac{\partial^2 \xi}{\partial t^2} = \sum \frac{\partial \frac{\partial W_1}{\partial \xi_x'}}{\partial x} + \sum \frac{\partial \frac{\partial W_2}{\partial \xi_x'}}{\partial x};$$

hierin ist W_1 linear und homogen in Bezug auf die partiellen Differentialquotienten, somit ist $\frac{\partial W_1}{\partial \xi_x}$ eine Konstante; der Differentialquotient dieser Grösse nach x ist also Null, und das erste Glied auf der rechten Seite der Gleichung verschwindet. Die Bewegungsgleichungen reduciren sich somit auf:

$$-\varrho\frac{\partial^2\xi}{\partial t^2}=\sum\frac{\partial\frac{\partial W_2}{\partial\xi_x'}}{\partial x}$$

$$-\varrho\frac{\partial^2\eta}{\partial t^2}=\sum\frac{\partial\frac{\partial W_2}{\partial\eta_x'}}{\partial x}.$$

$$-\varrho\frac{\partial^2\zeta}{\partial t^2}=\sum\frac{\partial\frac{\partial W_2}{\partial\zeta_x'}}{\partial x}.$$

33. Bewegungsgleichungen für isotrope Körper. — Bei isotropen Körpern ist die Funktion W_2 gegeben durch die Gleichung (27) des § 24

$$W_2 = \lambda K + \mu H + \nu \Theta^2.$$

Setzt man diesen Ausdruck in die Bewegungsgleichungen ein, so wird die erste derselben:

$$-\varrho\frac{\partial^2\xi}{\partial t^2}=\lambda\sum\frac{\partial\frac{\partial K}{\partial\xi_x'}}{\partial x}+\mu\sum\frac{\partial\frac{\partial H}{\partial\xi_x}}{\partial x}+\nu\sum\frac{\partial\frac{\partial\Theta^2}{\partial\xi_x'}}{\partial x}.$$

Wir wollen nun den Werth eines jeden Gliedes auf der rechten Seite bestimmen.

Aus dem durch die Gleichung (26) des § 22 gegebenen Werthe von K erhalten wir:

$$\frac{\partial K}{\partial\xi_x'}=\eta_y'+\zeta_z'\,;\qquad\frac{\partial K}{\partial\xi_y'}=-\eta_x'\,;\qquad\frac{\partial K}{\partial\xi_z'}=-\zeta_x'$$

und somit wird:

$$\frac{\partial\frac{\partial K}{\partial\xi_x'}}{\partial x}=\frac{\partial^2\eta}{\partial x\,\partial y}+\frac{\partial^2\zeta}{\partial x\,\partial z}\,;\qquad\frac{\partial\frac{\partial K}{\partial\xi_y'}}{\partial y}=-\frac{\partial^2\eta}{\partial x\,\partial y}\,;\qquad\frac{\partial\frac{\partial K}{\partial\xi_z'}}{\partial z}=-\frac{\partial^2\zeta}{\partial x\,\partial z}.$$

Durch Addition dieser drei Gleichungen ergibt sich

$$\sum\frac{\partial\frac{\partial K}{\partial\xi_x'}}{\partial x}=0\,;$$

der Koefficient von λ verschwindet also aus den Bewegungsgleichungen, aber er würde in dem Ausdruck für den Werth der Drucke bei isotropen Körpern wieder auftreten.

Nach Gleichung (24) ist der Werth von H gegeben durch

$$\mathrm{H} = \Sigma \xi_x'^2;$$

hieraus erhalten wir:

$$\frac{\partial \mathrm{H}}{\partial \xi_x'} = 2\,\xi_x'; \qquad \frac{\partial \mathrm{H}}{\partial \xi_y'} = 2\,\xi_y'; \qquad \frac{\partial \mathrm{H}}{\partial \xi_z'} = 2\,\xi_z';$$

$$\frac{\partial \frac{\partial \mathrm{H}}{\partial \xi_x'}}{\partial x} = 2\,\frac{\partial^2 \xi}{\partial x^2}; \qquad \frac{\partial \frac{\partial \mathrm{H}}{\partial \xi_y'}}{\partial y} = 2\,\frac{\partial^2 \xi}{\partial y^2}; \qquad \frac{\partial \frac{\partial \mathrm{H}}{\partial \xi_z'}}{\partial z} = 2\,\frac{\partial^2 \xi}{\partial z^2}$$

und

$$\mu \sum \frac{\partial \frac{\partial \mathrm{H}}{\partial \xi_x'}}{\partial x} = 2\,\mu \left(\frac{\partial^2 \xi}{\partial x^2} + \frac{\partial^2 \xi}{\partial y^2} + \frac{\partial^2 \xi}{\partial z^2} \right) = 2\,\mu\,\Delta\,\xi.$$

Schliesslich bestimmen wir noch den Werth des Gliedes, welches θ enthält; wir finden nach (25)

$$\frac{\partial \Theta^2}{\partial \xi_x'} = 2\,\Theta; \qquad \frac{\partial \Theta^2}{\partial \xi_y'} = 0; \qquad \frac{\partial \Theta^2}{\partial \xi_z'} = 0,$$

$$\frac{\partial \frac{\partial \Theta^2}{\partial \xi_x'}}{\partial x} = 2\,\frac{\partial \Theta}{\partial x}; \qquad \frac{\partial \frac{\partial \Theta^2}{\partial \xi_y'}}{\partial y} = 0; \qquad \frac{\partial \frac{\partial \Theta^2}{\partial \xi_z'}}{\partial z} = 0,$$

und somit

$$\nu \sum \frac{\partial \frac{\partial \Theta^2}{\partial \xi_x'}}{\partial x} = 2\,\nu\,\frac{\partial \Theta}{\partial x}.$$

Demnach werden die Bewegungsgleichungen

$$(38) \qquad \left\{ \begin{aligned} -\varrho\,\frac{\partial^2 \xi}{\partial t^2} &= 2\,\mu \Delta \xi + 2\,\nu\,\frac{\partial \Theta}{\partial x} \\ -\varrho\,\frac{\partial^2 \eta}{\partial t^2} &= 2\,\mu \Delta \eta + 2\,\nu\,\frac{\partial \Theta}{\partial y} \\ -\varrho\,\frac{\partial^2 \zeta}{\partial t^2} &= 2\,\mu \Delta \zeta + 2\,\nu\,\frac{\partial \Theta}{\partial z}. \end{aligned} \right.$$

Dieselben enthalten zwei willkürliche Koefficienten, welche sich in dem Falle auf eine einzige reduciren, wo die Kräfte centrale sind und der äussere Druck im Gleichgewichtszustande Null ist. Wir sahen nämlich in § 27, dass dann gilt:

$$\mu = -\frac{\lambda}{2} \qquad \lambda + \nu = 0,$$

und somit

$$\mu = \frac{\nu}{2}.$$

34. Longitudinal- und Transversalbewegungen. — Wir wollen nun nachweisen, dass man die Bewegung eines Moleküls in einem isotropen Medium so auffassen darf, als entstehe dieselbe durch das Zusammenwirken zweier Bewegungen, die wir transversale und longitudinale nennen wollen; diese Bezeichnungsweise werden wir später rechtfertigen.

Wir differentiiren die erste der Gleichungen (38) nach x, die zweite nach y, die dritte nach z und addiren dieselben; dann erhalten wir

$$-\varrho\left(\frac{\partial^2 \xi_x'}{\partial t^2} + \frac{\partial^2 \eta_y'}{\partial t^2} + \frac{\partial^2 \zeta_z'}{\partial t^2}\right) = 2\mu\left(\Delta\frac{\partial \xi}{\partial x} + \Delta\frac{\partial \eta}{\partial y} + \Delta\frac{\partial \zeta}{\partial z}\right) +$$

$$+ 2\nu\left(\frac{\partial^2 \Theta}{\partial x^2} + \frac{\partial^2 \Theta}{\partial y^2} + \frac{\partial^2 \Theta}{\partial z^2}\right).$$

Nun ist nach Gleichung (25)

$$\Theta = \xi_x' + \eta_y' + \zeta_z',$$

demnach

$$\Delta\Theta = \Delta\xi_x' + \Delta\eta_y' + \Delta\zeta_z' = \frac{\partial^2 \Theta}{\partial x^2} + \frac{\partial^2 \Theta}{\partial y^2} + \frac{\partial^2 \Theta}{\partial z^2},$$

und

$$\frac{\partial^2 \Theta}{\partial t^2} = \frac{\partial^2 \xi_x'}{\partial t^2} + \frac{\partial^2 \eta_y'}{\partial t^2} + \frac{\partial^2 \zeta_z'}{\partial t^2}.$$

Somit lässt sich die obige Gleichung schreiben:

$$-\varrho\frac{\partial^2 \Theta}{\partial t^2} = 2(\mu + \nu)\Delta\Theta;$$

dieser Differentialgleichung muss also die Funktion Θ genügen. Nehmen wir an, dass zur Zeit $t = 0$ sowohl die Funktion Θ selbst wie ihr Differentialquotient nach der Zeit Null sind, so zeigt die obige Gleichung, dass dies auch für den zweiten Differentialquotient der Fall sein muss. Durch Differentiation dieser Gleichung würden wir eine neue Gleichung erhalten, aus der wir wiederum den Schluss ziehen könnten, dass auch der dritte Differentialquotient von Θ nach der Zeit Null sein muss; ebenso würden wir auch für die übrigen Differentialquotienten den Werth Null finden, und somit muss die

Funktion θ selbst identisch gleich Null sein. Die kleinen Bewegungen, für welche die Funktion θ Null ist, sind es nun, die wir als transversale bezeichnet haben.

35. Wir betrachten ferner die Grössen

$$u = \frac{\partial \eta}{\partial z} - \frac{\partial \zeta}{\partial y}; \quad v = \frac{\partial \zeta}{\partial x} - \frac{\partial \xi}{\partial z}; \quad w = \frac{\partial \xi}{\partial y} - \frac{\partial \eta}{\partial x},$$

und suchen die Differentialgleichung auf, welche sie verbindet. Zu diesem Zwecke differentiiren wir die zweite der Gleichungen (38) nach z, die dritte nach y und subtrahiren dieselben von einander, dann erhalten wir

$$-\varrho\left(\frac{\partial^2 \eta_z}{\partial t^2} - \frac{\partial^2 \zeta_y'}{\partial t^2}\right) = 2\mu\left(\Delta\frac{\partial \eta}{\partial z} - \Delta\frac{\partial \zeta}{\partial y}\right) + 2\nu\left(\frac{\partial^2 \Theta}{\partial y\,\partial z} - \frac{\partial^2 \Theta}{\partial y\,\partial z}\right)$$

oder

$$-\varrho\frac{\partial^2 u}{\partial t^2} = 2\mu\,\Delta u.$$

Auf analoge Weise gelangen wir zu den beiden entsprechenden Gleichungen

$$-\varrho\frac{\partial^2 v}{\partial t^2} = 2\mu\,\Delta v$$

$$-\varrho\frac{\partial^2 w}{\partial t^2} = 2\mu\,\Delta w.$$

Sind auch hier für $t = 0$ sowohl die Grössen u, v, w als auch deren Differentialquotienten erster Ordnung Null, so gilt dasselbe, wie die vorhergehenden Gleichungen zeigen, auch für die zweiten Differentialquotienten. Durch Differentiation dieser Gleichungen würde man wieder neue Gleichungen erhalten, vermittels deren sich nachweisen liesse, dass für $t = 0$ auch die dritten Differentialquotienten Null sein müssen u. s. f. Somit sind die Funktionen u, v, w identisch gleich Null. Die Bewegungen, für welche dies der Fall ist, heissen longitudinale.

36. In den drei identischen Gleichungen

$$\frac{\partial \eta}{\partial z} - \frac{\partial \zeta}{\partial y} = 0; \quad \frac{\partial \zeta}{\partial x} - \frac{\partial \xi}{\partial z} = 0; \quad \frac{\partial \xi}{\partial y} - \frac{\partial \eta}{\partial x} = 0$$

haben wir die nothwendigen und hinreichenden Bedingungen dafür, dass die Grösse

$$\xi\,dx + \eta\,dy + \zeta\,dz$$

ein vollständiges Differential darstellt. Wir können also im Falle der Longitudinalbewegungen setzen

$$\xi\, dx + \eta\, dy + \zeta\, dz = d\varphi,$$

und haben somit

$$\xi = \frac{\partial \varphi}{\partial x}; \quad \eta = \frac{\partial \varphi}{\partial y}; \quad \zeta = \frac{\partial \varphi}{\partial z}.$$

37. Nunmehr fassen wir eine Verschiebung ξ, η, ζ in's Auge. Zum Beweise dafür, dass sich die Bewegung der Moleküle als Resultante einer Transversal- und einer Longitudinalbewegung auffassen lässt, haben wir zu zeigen, dass

$$\xi = \xi_1 + \xi_2; \quad \eta = \eta_1 + \eta_2; \quad \zeta = \zeta_1 + \zeta_2,$$

worin ξ_1, η_1, ζ_1 sich auf eine transversale, ξ_2, η_2, ζ_2 auf eine longitudinale Bewegung beziehen. Nach dem Vorangehenden ist nun

$$\xi_2 = \frac{\partial \varphi}{\partial x}; \quad \eta_2 = \frac{\partial \varphi}{\partial y}; \quad \zeta_2 = \frac{\partial \varphi}{\partial z},$$

und somit

$$\xi = \xi_1 + \frac{\partial \varphi}{\partial x}; \quad \eta = \eta_1 + \frac{\partial \varphi}{\partial y}; \quad \zeta = \zeta_1 + \frac{\partial \varphi}{\partial z},$$

wobei ξ_1, η_1, ζ_1 der Differentialgleichung der Transversalbewegungen

$$\frac{\partial \xi_1}{\partial x} + \frac{\partial \eta_1}{\partial y} + \frac{\partial \zeta_1}{\partial z} = 0$$

genügen.

Differentiiren wir die Gleichungen für ξ, η, ζ bezw. nach x, y, z und addiren dieselben, so folgt

$$\frac{\partial \xi}{\partial x} + \frac{\partial \eta}{\partial y} + \frac{\partial \zeta}{\partial z} = \frac{\partial \xi_1}{\partial x} + \frac{\partial \eta_1}{\partial y} + \frac{\partial \zeta_1}{\partial z} + \frac{\partial^2 \varphi}{\partial x^2} + \frac{\partial^2 \varphi}{\partial y^2} + \frac{\partial^2 \varphi}{\partial z^2};$$

diese Gleichung reducirt sich nach unseren Annahmen auf

$$\Theta = \Delta \varphi.$$

Nun ist nach der Poisson'schen Gleichung die Summe der zweiten Differentialquotienten des Potentials in einem Punkte gleich $-4\pi\varrho$, wobei ϱ die Dichte der anziehenden Materie in dem betreffenden Punkte bezeichnet; man wird also eine Funktion φ erhalten, welche der Gleichung $\Theta = \Delta\varphi$ genügt, wenn man das Potential einer anziehenden Materie bestimmt, deren Dichte $-\frac{\Theta}{4\pi}$ ist. Eine solche Funktion gibt es stets, und somit lässt sich in der That die Bewegung eines Moleküls als Superposition einer longitudinalen und einer transversalen Bewegung auffassen.

38. Gleichungen für die Transversalbewegungen in den isotropen Körpern. — Die Gleichungen für die Transversalbewegungen in den isotropen Körpern erhält man, wenn man in den Gleichungen (38) $\theta = 0$ setzt; dieselben werden somit

$$(39) \quad \begin{cases} -\varrho \dfrac{\partial^2 \xi}{\partial t^2} = 2\,\mu\,\Delta\xi \\[2ex] -\varrho \dfrac{\partial^2 \eta}{\partial t^2} = 2\,\mu\,\Delta\eta \\[2ex] -\varrho \dfrac{\partial^2 \zeta}{\partial t^2} = 2\,\mu\,\Delta\zeta. \end{cases}$$

39. Gleichungen für die Longitudinalbewegungen. — Auch die Gleichungen für die Longitudinalbewegungen nehmen eine einfache Gestalt an. Da

$$\Theta = \frac{\partial \xi}{\partial x} + \frac{\partial \eta}{\partial y} + \frac{\partial \zeta}{\partial z}$$

war, so ist

$$\frac{\partial \Theta}{\partial x} = \frac{\partial^2 \xi}{\partial x^2} + \frac{\partial}{\partial y}\left(\frac{\partial \eta}{\partial x}\right) + \frac{\partial}{\partial z}\left(\frac{\partial \zeta}{\partial x}\right).$$

Nun sind u, v, w Null, somit ist

$$\frac{\partial \eta}{\partial x} = \frac{\partial \xi}{\partial y}; \qquad \frac{\partial \zeta}{\partial x} = \frac{\partial \xi}{\partial z}$$

und

$$\frac{\partial}{\partial y}\left(\frac{\partial \eta}{\partial x}\right) = \frac{\partial^2 \xi}{\partial y^2}; \qquad \frac{\partial}{\partial z}\left(\frac{\partial \zeta}{\partial x}\right) = \frac{\partial^2 \xi}{\partial z^2}.$$

Setzt man dies in die Gleichung für $\dfrac{\partial \Theta}{\partial x}$ ein, so erhält man:

$$\frac{\partial \Theta}{\partial x} = \frac{\partial^2 \xi}{\partial x^2} + \frac{\partial^2 \xi}{\partial y^2} + \frac{\partial^2 \xi}{\partial z^2} = \Delta\xi,$$

und durch Einführung dieses Werthes von $\dfrac{\partial \Theta}{\partial x}$ in die Gleichungen (38) ergibt sich für die Longitudinalbewegungen

$$(40) \quad \begin{cases} -\varrho \dfrac{\partial^2 \xi}{\partial t^2} = 2\,(\mu + \nu)\,\Delta\xi \\[2ex] -\varrho \dfrac{\partial^2 \eta}{\partial t^2} = 2\,(\mu + \nu)\,\Delta\eta \\[2ex] -\varrho \dfrac{\partial^2 \zeta}{\partial t^2} = 2\,(\mu + \nu)\,\Delta\zeta. \end{cases}$$

Kapitel II.

Fortpflanzung einer ebenen Welle. — Interferenz.

40. Specieller Fall: Fortpflanzung in ebenen Wellen. — Wir wollen nun annehmen, dass die Verschiebungskomponenten ξ, η, ζ, welche im Allgemeinen Funktionen von x, y, z und t sind, nur von z und t abhängen. Fassen wir eine zur Z-Axe senkrechte Ebene in's Auge, so werden alle in dieser Ebene befindlichen Moleküle zu derselben Zeit t auch dieselbe Verschiebung erleiden, da alle Punkte dieser Ebene durch denselben Werth von z charakterisirt sind. Diese Ebene ist die Wellenebene.

Bei den Transversalbewegungen ist die isotrope Funktion θ identisch Null; da nun bei der von uns betrachteten Bewegung ξ, η, ζ nicht von x und y abhängen, so haben wir

$$\frac{\partial \xi}{\partial x} = 0 \quad \text{und} \quad \frac{\partial \eta}{\partial y} = 0;$$

somit reducirt sich die Bedingungsgleichung $\theta = 0$ auf

$$\frac{\partial \zeta}{\partial z} = 0.$$

Die Verschiebungskomponente ζ ist also eine Konstante; nehmen wir an, dieselbe sei Null, so findet die Verschiebung der Moleküle des elastischen Medium in der Wellenebene statt; dies rechtfertigt den Namen Transversalbewegungen für die Bewegungen, welche durch die Gleichung $\Theta = 0$ charakterisirt sind.

Die Bewegungen, welche wir als longitudinale bezeichneten, sind durch folgende identische Gleichungen (§ 35) bestimmt:

$$u = \frac{\partial \eta}{\partial z} - \frac{\partial \zeta}{\partial y} = 0; \quad v = \frac{\partial \zeta}{\partial x} - \frac{\partial \xi}{\partial z} = 0; \quad w = \frac{\partial \xi}{\partial y} - \frac{\partial \eta}{\partial x} = 0.$$

Bei ebenen Wellen reduciren sich diese Bedingungen auf

$$\frac{\partial\eta}{\partial z}=0; \quad \frac{\partial\xi}{\partial z}=0.$$

Für denselben Augenblick t haben die Verschiebungskomponenten ξ und η aller Moleküle denselben Werth; setzen wir ihn gleich Null, dann findet die Verschiebung der Moleküle in einer zur Wellenebene senkrechten Geraden statt; aus diesem Grunde haben wir die den obigen Gleichungen genügenden Bewegungen als longitudinale bezeichnet.

41. Die Gleichungen für die Transversalbewegungen in den isotropen Körpern vereinfachen sich im Falle der Fortpflanzung in ebenen Wellen; da die Grössen ξ, η, ζ weder von x noch von y abhängen, so erhalten wir für die Bewegung eines Moleküls in der Wellenebene

$$-\varrho\frac{\partial^2\xi}{\partial t^2}=2\,\mu\frac{\partial^2\xi}{\partial z^2}$$

$$-\varrho\frac{\partial^2\eta}{\partial t^2}=2\,\mu\frac{\partial^2\eta}{\partial z^2}.$$

Setzen wir

$$\mathrm{V}=\sqrt{-\frac{2\,\mu}{\varrho}},$$

so gehen diese Gleichungen über in

$$\frac{\partial^2\xi}{\partial t^2}=\mathrm{V}^2\frac{\partial^2\xi}{\partial z^2}$$

$$\frac{\partial^2\eta}{\partial t^2}=\mathrm{V}^2\frac{\partial^2\eta}{\partial z^2}.$$

Durch Integration der ersten Gleichung erhalten wir

$$\xi=\mathrm{F}(z-\mathrm{V}t)+\mathrm{F}'(z+\mathrm{V}t),$$

wobei F und F′ willkürliche Funktionen bezeichnen. Die Verschiebung ξ eines in der Wellenebene gelegenen Moleküls lässt sich also auffassen als Summe zweier Verschiebungen, von denen die eine durch die Funktion $\mathrm{F}(z-\mathrm{V}t)$, die andere durch die Funktion $\mathrm{F}'(z+\mathrm{V}t)$ gegeben ist.

42. Die Grösse V hat eine sehr einfache geometrische Bedeutung. Bezeichnen wir mit h die Entfernung der senkrecht zur Z-Axe durch zwei Moleküle A und A′ gelegten Ebenen, und nennen wir z_0 die Z-Koordinate des tiefer gelegenen Punktes A, dann erhalten wir für den Punkt A zur Zeit t_0 statt $(z - Vt)$ den Werth

$$z_0 - Vt_0.$$

Für den Punkt A' wird der Werth dieses Ausdrucks zur Zeit $\left(t_0 + \frac{h}{V}\right)$

$$z_0 + h - V\left(t_0 + \frac{h}{V}\right) = z_0 - Vt_0.$$

Dies ist derselbe Werth, wie derjenige, welchen wir im Punkte A zur Zeit t_0 erhielten; somit nimmt die Funktion $F(z - Vt)$ im Punkte A' den Werth an, den sie im Punkte A zu einer um $\frac{h}{V}$ früheren Zeit hatte. Für einen Beobachter, der sich längs OZ mit einer Geschwindigkeit V fortbewegt, wird die Funktion F eine Konstante sein; dem Beobachter müssen also die verschiedenen Moleküle, welchen er begegnet, in derselben Lage erscheinen. Somit muss sich die Bewegung innerhalb der Moleküle mit der gleichen Geschwindigkeit V fortgepflanzt haben. Aus diesem Grunde sagt man, dass F eine Bewegung bedeutet, welche sich mit der Geschwindigkeit V, und F' eine Bewegung, welche sich mit der Geschwindigkeit — V fortpflanzt. Die Transversalbewegungen lassen sich also als Superposition zweier Bewegungen auffassen, welche sich in entgegengesetzter Richtung mit, absolut genommen, gleicher Geschwindigkeit fortpflanzen.

43. Setzt man

$$V_1 = \sqrt{-\frac{2(\mu + \nu)}{\varrho}},$$

so gehen die Gleichungen der Longitudinalbewegungen (40) für die Bewegung längs einer auf der Wellenebene normalen Geraden über in

$$\frac{\partial^2 \zeta}{\partial t^2} = V_1^2 \frac{\partial^2 \zeta}{\partial z^2}.$$

Das allgemeine Integral dieser Gleichung ist

$$\zeta = F_1(z - V_1 t) + F_1'(z + V_1 t).$$

Man kann sich also auch eine Longitudinalbewegung aus dem Zusammenwirken zweier Bewegungen entstanden denken, welche sich mit den Geschwindigkeiten $+V_1$ und $-V_1$ fortpflanzen.

44. Wenn der äussere Druck im Gleichgewichtszustande Null ist und die zwischen den Molekülen auftretenden Kräfte centrale sind, so hängen die Geschwindigkeiten V und V_1 von einander ab. Wie wir nämlich in § 26 sahen, sind unter diesen Bedingungen λ, μ und ν durch die Gleichungen

$$\mu = -\frac{\lambda}{2}, \quad \lambda + \nu = 0$$

verknüpft. Durch Elimination von λ erhält man

$$\nu = 2\mu.$$

Setzt man diesen Werth von ν in den Ausdruck für V_1 ein, so folgt

$$V_1^2 = 3V^2.$$

In allen anderen Fällen sind die Geschwindigkeiten V und V_1 unabhängig von einander.

45. Hypothesen über die Eigenschaften des Aethers. — Der Versuch zeigt, dass die Aetherschwingungen immer transversal gerichtet sind; um dieser experimentellen Thatsache Rechnung zu tragen, kann man mehrere Hypothesen aufstellen.

Erste Hypothese. — Man kann annehmen, dass der Aether sowohl die longitudinalen wie die transversalen Schwingungen fortzupflanzen vermag, dass aber die ersteren weder auf die Retina des Auges, noch auf die photographische Platte, noch auch auf die zur Bestimmung der strahlenden Wärme verwendeten Instrumente zu wirken vermögen. Diese Hypothese steht jedoch im Widerspruch mit den Experimenten von Fresnel über die Reflexion und Brechung des Lichts; dieselben zeigen nämlich, dass die lebendige Kraft des einfallenden Strahles sich vollständig in den reflektirten und gebrochenen Transversalstrahlen wiederfindet.

46. Zweite Hypothese. — Man kann annehmen, dass $V_1 = 0$, d. h., dass nach dem Werthe dieser Grösse

$$\mu = -\nu$$

ist. Aus § 34 ergibt sich, dass die Differentialgleichung

$$-\varrho\frac{\partial^2\Theta}{\partial t^2} = 2(\mu + \nu)\Delta\Theta$$

durch Annahme dieser Hypothese übergeht in $\frac{\partial^2\Theta}{\partial t^2} = 0$. Wenn nun für $t = 0$ die Funktion Θ und ihr Differentialquotient $\frac{\partial\Theta}{\partial t}$ Null sind, so ist, wie wir bereits in § 34 nachwiesen, die Funktion Θ identisch Null; anderenfalls liefert die Bedingung $\frac{\partial^2\Theta}{\partial t^2} = 0$ für Θ den Werth

$$\Theta = at + b.$$

Ist a von Null verschieden, dann wird die Funktion θ mit der Zeit über jede Grenze hinaus wachsen. Nun stellt aber θ den Zuwachs der Volumeneinheit des Medium dar (vgl. § 21). Demnach könnte ein Volumenelement, welches im Anfang der Zeit beliebig klein sein mag, im Verlauf einer genügend langen Zeit grösser werden, als jede gegebene Grösse. Dies ist eine bedenkliche Folgerung aus dieser Hypothese, man darf derselben jedoch nicht zu viel Gewicht beilegen, denn wenn der Volumenzuwachs des elastischen Medium zu gross würde, dann könnten die Grössen ξ, η, ζ auch nicht mehr als unendlich klein aufgefasst werden, und wir würden unter diesen Umständen die Bedingungen verlassen, welche wir beim Beginn dieser Untersuchungen (§ 2) aufgestellt hatten. Die obige Annahme gestattet die Erklärung aller in der Optik bekannt gewordenen Erscheinungen; ausserdem führt sie auch auf dieselben Gleichungen, welche sich aus der elektromagnetischen Lichttheorie ergeben; wir werden ihr also den Vorzug geben.

47. Dritte Hypothese. — Wir können ferner annehmen, dass die Fortpflanzungsgeschwindigkeit V_1 der Longitudinalbewegungen imaginär ist, d. h. dass

$$\mu + \nu > 0.$$

Diese Hypothese erklärt die Reflexion und Brechung besser als die erste, aber sie führt zu der Annahme, dass das Gleichgewicht des elastischen Medium nicht immer stabil ist. Bei stabilem Gleichgewichte muss nämlich das zweite Glied U_2 in der Entwickelung der Funktion U nach ξ negativ oder Null sein. Nun fanden wir (§ 13)

$$U_2 = U_2'' + \int W_2 \, d\tau,$$

und ausserdem ist bei isotropen Körpern (§ 24)

$$W_2 = \lambda K + \mu H + \nu \theta^2.$$

Fassen wir den speciellen Fall in's Auge, dass alle partiellen Differentialquotienten ξ_x', η_x' . . . mit Ausnahme von ζ_z' Null sind, ζ_z' aber gleich Eins ist, so erhalten wir für die isotropen Funktionen H, K, θ^2 die Werthe

$$K = 0; \qquad H = 1; \qquad \theta^2 = 1;$$

somit ist in diesem Falle

$$W_2 = \mu + \nu,$$

d. h. eine positive Grösse. Das im Ausdrucke für U_2 auftretende Integral ist also positiv und demnach ist das Gleichgewicht labil.

Aber bei unserer mangelhaften Kenntniss von der wahren Natur des Aethers dürfen wir den Einwürfen, welche sich auf die Elasticitätstheorie gründen, nicht allzuviel Bedeutung beimessen.

48. Vierte Hypothese. — Schliesslich kann man annehmen, dass die Aethermoleküle nicht frei, sondern Bedingungen unterworfen sind, in Folge deren $\Theta = 0$ wird. Diese Hypothese kommt auf die Annahme von der Inkompressibilität des Aethers hinaus, sie steht somit, sozusagen, im Gegensatze zur zweiten Hypothese, welche zu der Annahme führte, dass Θ beliebig gross werden könne, mit anderen Worten, dass der Widerstand des Aethers gegen Kompression Null sei. Fresnel wandte bald die eine, bald die andere der beiden Hypothesen an, denn bei seinen Rechnungen setzt er, — oft nur implicite — einmal voraus, dass dieser Widerstand gegen Kompression Null, ein anderes Mal, dass derselbe unendlich gross sei.

49. Bewegungsgleichungen des Aethers. — Wir wollen die zweite Hypothese annehmen, nach welcher $\mu + \nu = 0$ ist, und setzen also

$$V = \sqrt{\frac{-2\mu}{\varrho}},$$

wobei V die Fortpflanzungsgeschwindigkeit des Lichtes bedeutet. Dann haben wir

$$2\mu = -\varrho V^2; \qquad 2\nu = \varrho V^2,$$

führen wir diese Werthe in die Bewegungsgleichungen für ein isotropes Medium (38) ein, so erhalten wir

$$(1) \quad \begin{cases} \dfrac{\partial^2 \xi}{\partial t^2} = V^2\left(\Delta\xi - \dfrac{\partial\Theta}{\partial x}\right) \\[2ex] \dfrac{\partial^2 \eta}{\partial t^2} = V^2\left(\Delta\eta - \dfrac{\partial\Theta}{\partial y}\right) \\[2ex] \dfrac{\partial^2 \zeta}{\partial t^2} = V^2\left(\Delta\zeta - \dfrac{\partial\Theta}{\partial z}\right). \end{cases}$$

Diese Gleichungen lassen sich noch in eine andere Form bringen, indem man setzt:

$$u = \frac{\partial\eta}{\partial z} - \frac{\partial\zeta}{\partial y}; \qquad v = \frac{\partial\zeta}{\partial x} - \frac{\partial\xi}{\partial z}; \qquad w = \frac{\partial\xi}{\partial y} - \frac{\partial\eta}{\partial x};$$

es ist nämlich

$$\Delta\xi - \frac{\partial\Theta}{\partial x} = \frac{\partial^2\xi}{\partial x^2} + \frac{\partial^2\xi}{\partial y^2} + \frac{\partial^2\xi}{\partial z^2} - \frac{\partial^2\xi}{\partial x^2} - \frac{\partial^2\eta}{\partial x\,\partial y} - \frac{\partial^2\zeta}{\partial x\,\partial z}$$

$$= \frac{\partial^2\xi}{\partial y^2} - \frac{\partial^2\eta}{\partial x\,\partial y} + \frac{\partial^2\xi}{\partial z^2} - \frac{\partial^2\zeta}{\partial x\,\partial z}$$

oder

$$\Delta\xi - \frac{\partial\Theta}{\partial x} = \frac{\partial w}{\partial y} - \frac{\partial v}{\partial z}.$$

Transformirt man auf dieselbe Weise die Grössen

$$\Delta\eta - \frac{\partial\Theta}{\partial y}; \quad \Delta\zeta - \frac{\partial\Theta}{\partial z},$$

welche in den beiden letzten Bewegungsgleichungen vorkommen, so findet man

$$\frac{\partial^2\xi}{\partial t^2} = \mathrm{V}^2\left(\frac{\partial w}{\partial y} - \frac{\partial v}{\partial z}\right)$$

$$\frac{\partial^2\eta}{\partial t^2} = \mathrm{V}^2\left(\frac{\partial u}{\partial z} - \frac{\partial w}{\partial x}\right)$$

$$\frac{\partial^2\zeta}{\partial t^2} = \mathrm{V}^2\left(\frac{\partial v}{\partial x} - \frac{\partial u}{\partial y}\right).$$

50. Lösung der Gleichungen für die Transversalbewegungen. — Die Gleichungen für die Transversalbewegungen erhalten wir, wenn wir in den Gleichungen (1) $\Theta = 0$ setzen; dieselben werden dann

$$(2) \qquad \frac{\partial^2\xi}{\partial t^2} = \mathrm{V}^2\Delta\xi; \quad \frac{\partial^2\eta}{\partial t^2} = \mathrm{V}^2\Delta\eta; \quad \frac{\partial^2\zeta}{\partial t^2} = \mathrm{V}^2\Delta\zeta.$$

Wir wollen diesen Gleichungen dadurch zu genügen suchen, dass wir einführen

$$\xi = \mathrm{A}\,e^{\mathrm{P}}; \qquad \eta = \mathrm{B}\,e^{\mathrm{P}}; \qquad \zeta = \mathrm{C}\,e^{\mathrm{P}};$$

hierbei sind A, B, C Konstanten und P ein homogenes Polynom ersten Grades in Bezug auf die Variabeln x, y, z, t,

$$\mathrm{P} = \alpha x + \beta y + \gamma z + \delta t.$$

Durch Differentiation von ξ, η, ζ erhalten wir

$$\frac{\partial\xi}{\partial x}=\mathrm{A}\alpha e^{\mathrm{P}};\quad \frac{\partial^2\xi}{\partial x^2}=\mathrm{A}\alpha^2 e^{\mathrm{P}};\quad \frac{\partial^2\xi}{\partial t^2}=\mathrm{A}\delta^2 e^{\mathrm{P}}$$

$$\frac{\partial\eta}{\partial y}=\mathrm{B}\beta e^{\mathrm{P}};\quad \frac{\partial^2\eta}{\partial y^2}=\mathrm{B}\beta^2 e^{\mathrm{P}};\quad \frac{\partial^2\eta}{\partial t^2}=\mathrm{B}\delta^2 e^{\mathrm{P}}$$

$$\frac{\partial\zeta}{\partial z}=\mathrm{C}\gamma e^{\mathrm{P}};\quad \frac{\partial^2\zeta}{\partial z^2}=\mathrm{C}\gamma^2 e^{\mathrm{P}};\quad \frac{\partial^2\zeta}{\partial t^2}=\mathrm{C}\delta^2 e^{\mathrm{P}}.$$

Demnach wird

$$\Theta=\frac{\partial\xi}{\partial x}+\frac{\partial\eta}{\partial y}+\frac{\partial\zeta}{\partial z}=e^{\mathrm{P}}(\mathrm{A}\alpha+\mathrm{B}\beta+\mathrm{C}\gamma)$$

$$\Delta\xi=\frac{\partial^2\xi}{\partial x^2}+\frac{\partial^2\xi}{\partial y^2}+\frac{\partial^2\xi}{\partial z^2}=\mathrm{A}e^{\mathrm{P}}(\alpha^2+\beta^2+\gamma^2).$$

Ersetzt man nun in den Gleichungen (2) $\Delta\xi$, $\Delta\eta$, $\Delta\zeta$ und die zweiten Differentialquotienten von ξ, η, ζ nach der Zeit durch ihre Werthe, so erhält man

$$\delta^2=\mathrm{V}^2(\alpha^2+\beta^2+\gamma^2).$$

Da die Bewegungen transversal sein sollen, so muss $\Theta=0$ sein, d. h.

$$\mathrm{A}\alpha+\mathrm{B}\beta+\mathrm{C}\gamma=0.$$

Diese beiden Bedingungsgleichungen müssen die Koefficienten α, β, γ, δ erfüllen, damit die Ausdrücke für ξ, η, ζ den Bewegungsgleichungen genügen.

51. Wenn die Grössen A, B, C, α, β, γ, δ reell sind, so wird dasselbe auch für ξ, η, ζ der Fall sein; ist aber eine dieser Grössen komplex, dann sind auch ξ, η, ζ komplex. Da die Bewegungsgleichungen linear sind in Bezug auf die Differentialquotienten zweiter Ordnung von ξ, η, ζ, so müssen der reelle und der imaginäre Theil einer komplexen Lösung für sich genommen den Bewegungsgleichungen genügen; wir erhalten somit zwei Lösungen.

In der Optik haben wir es nur mit imaginären Lösungen zu thun, denn die Lichtbewegungen sind immer pendelartige Schwingungen und somit periodisch nach der Zeit. Demnach müssen auch die ξ, η, ζ nach der Zeit periodisch sein, und wenn wir sie, wie oben, durch eine Exponentialgrösse ausdrücken, so muss e^{P} für Werthe, welche sich um eine bestimmte Grösse τ unterscheiden, immer wieder denselben Werth annehmen; wir müssen also haben

$$\delta\tau=2\pi i$$

und somit

$$\delta = \frac{2\pi i}{\tau};$$

δ ist also imaginär, δ^2 somit negativ, und die Gleichung

$$\delta^2 = V^2 (\alpha^2 + \beta^2 + \gamma^2)$$

zeigt, dass auch die Summe $\alpha^2 + \beta^2 + \gamma^2$ negativ sein muss; dies erfordert aber, dass wenigstens eine der Grössen α, β, γ imaginär ist.

Haben wir nun die komplexe Lösung einer Gleichung gefunden, so muss der reelle Theil derselben den experimentell ermittelten Thatsachen genügen. Nun lässt sich der reelle Theil einer Exponentialfunktion durch einen Kosinus darstellen, wir könnten also die reellen Lösungen für die Differentialgleichungen finden, wenn wir diejenigen Werthe für die ξ, η, ζ suchten, welche einen Kosinus enthalten und die Gleichungen befriedigen. In gewissen Fällen werden wir auch diesen Weg einschlagen, in anderen dagegen werden wir uns der imaginären Exponentialfunktionen bedienen und die reellen Theile derselben als Lösung ansehen.

52. Wir fassen jetzt eine zur Ebene

$$\alpha x + \beta y + \gamma z = 0$$

parallele Ebene in's Auge. Für alle Punkte dieser Ebene hat das Polynom P in jedem Augenblicke denselben Werth; demnach werden die Verschiebungen aller dieser Punkte zu derselben Zeit die gleichen sein. Entsprechend der Definition in § 40 ist diese Ebene die Wellenebene.

Zunächst untersuchen wir den Fall, dass die Ebene

$$\alpha x + \beta y + \gamma z = 0$$

reell ist. Wählen wir dieselbe zur XY-Ebene, dann reducirt sich ihre Gleichung auf

$$z = 0;$$

somit haben wir in diesem Falle $\alpha = \beta = 0$ und $\delta^2 = V^2 \gamma^2$, also

$$\gamma = \frac{\delta}{V} = \frac{2\pi i}{V\tau}.$$

Das Produkt $V\tau$ im Nenner bezeichnen wir mit λ; es stellt die Wellenlänge dar und bedeutet den vom Lichte während einer Schwingungsperiode durchlaufenen Weg.

Ersetzt man in P die Grössen α, β, γ, δ durch ihre Werthe, so erhält man:

$$P = \frac{2\pi i}{\lambda}(z + Vt).$$

P ist also eine periodische Funktion von z und t; die Periode für z ist λ. Der Werth von ξ, welcher der ersten Bewegungsgleichung genügt, wird dann

$$\xi = A\, e^{\frac{2\pi i}{\lambda}(z + Vt)}.$$

Der Koefficient A kann komplex sein. Bedeutet A_0 seinen Modul, φ sein Argument, dann können wir setzen

$$A = A_0\, e^{i\varphi},$$

und damit wird der Werth von ξ:

$$\xi = A_0\, e^{\frac{2\pi i}{\lambda}(z + Vt) + i\varphi}.$$

Der reelle Theil dieses Ausdruckes gibt die Verschiebung nach der X-Axe und hat den Werth

$$\xi = A_0 \cos\left[\frac{2\pi}{\lambda}(z + Vt) + \varphi\right].$$

Für die Verschiebung nach der Y-Axe erhalten wir entsprechend

$$\eta = B_0 \cos\left[\frac{2\pi}{\lambda}(z + Vt) + \varphi_1\right].$$

Wir wollen weiter annehmen, die Ebene $\alpha x + \beta y + \gamma z$ sei komplex; dann lässt sich die Gleichung derselben in die Form $P + iQ$ bringen. Wählen wir $P = 0$ zur YZ-Ebene, $Q = 0$ zur XY-Ebene, dann wird die Gleichung der Wellenebene

$$\alpha x + i\varepsilon z = 0.$$

In diesem Falle liefert die Bedingung $\theta = 0$ die Gleichung

$$A\alpha + iC\varepsilon = 0,$$

welche zeigt, dass das Verhältniss $\frac{A}{C}$ imaginär sein muss. In Folge der Periodicität der Lichtbewegung haben wir

$$\delta^2 = -\frac{4\pi^2}{\tau^2},$$

während die Bedingung $\delta^2 = V^2(\alpha^2 + \beta^2 + \gamma^2)$ die Gleichung

$$-\frac{4\pi^2}{\lambda^2} = \alpha^2 - \varepsilon^2$$

liefert. Hieraus folgt, dass $\varepsilon > \alpha$ sein muss. Die Lösung der ersten Bewegungsgleichung ist

$$\xi = A_0 \, e^{\alpha x + i \varepsilon z + \frac{2\pi i t}{\tau} + i\varphi}$$

Der reelle Theil derselben gibt als Werth für die Verschiebung nach der X-Axe

$$\xi = A_0 e^{\alpha x} \cos\left(\varepsilon z + \varphi + \frac{2\pi t}{\tau}\right).$$

Für die Verschiebungskomponenten nach den beiden anderen Axen η und ζ würden wir analoge Ausdrücke erhalten.

53. Erlöschende Strahlen. — Die Form, welche wir für ξ gefunden haben, unterscheidet sich von derjenigen, welche wir vorher für eine reelle Welle ermittelten, nur durch den Faktor $e^{\alpha x}$. Wenn α negativ ist, so nimmt dieser Faktor mit wachsendem x sehr rasch ab; in der Nähe der Ebene $x = 0$ wird die Bewegung merklich sein; dagegen wird die Amplitude sehr klein, wenn man sich von dieser Ebene etwas entfernt. Da α ungefähr von der Grössenordnung $\frac{1}{\lambda}$ ist, so wird die Bewegung schon in einer Entfernung, welche mit derjenigen einer Wellenlänge vergleichbar ist, ungemein gering. Eine derartige Bewegung finden wir bei der totalen Reflexion. Wenn der Winkel, welchen der einfallende Strahl mit der Normalen der Trennungsfläche bildet, grösser ist als der Grenzwinkel, so ist der sin. des Brechungswinkels, der sich aus der Formel

$$\frac{\sin i}{\sin r} = n$$

ergibt, imaginär; in diesem Falle ist also sowohl der gebrochene Strahl als auch die auf demselben senkrecht stehende Wellenebene imaginär, wir haben daher in dem Medium mit geringerem Brechungsexponenten eine Bewegung, die sehr rasch erlischt. Fresnel versuchte experimentell die Existenz der erlöschenden Strahlen nachzuweisen; zu diesem Zwecke stellte er eine Glasplatte in sehr geringer Entfernung von einer Oberfläche auf, an welcher eine totale Reflexion vor sich ging, und erhielt in der That helle und dunkele Streifen.

Bei der Untersuchung der Longitudinalbewegungen fand Cauchy erlöschende Bewegungen, doch konnte deren Vorhandensein nicht experimentell nachgewiesen werden. Wir wollen annehmen, dass die Verschiebungen ξ und η, welche für alle Punkte einer ebenen Welle dieselben sind, Null seien, und wollen der Gleichung für ζ

$$\frac{\partial^2\zeta}{\partial t^2} = V_1^2 \Delta\zeta$$

dadurch zu genügen suchen, dass wir setzen:

$$\zeta = C e^{(\gamma z + \delta t)}.$$

Durch Einführen der zweiten Differentialquotienten nach z und t in die Differentialgleichung erhalten wir die Bedingung

$$\delta^2 = V_1^2 \gamma^2.$$

Da die Grösse δ in Folge der Periodicität der Schwingungsbewegung imaginär sein muss, so ist ihr Quadrat negativ. Cauchy hatte die Annahme gemacht, dass $(\mu + \nu) > 0$; dann ist $V_1^2 < 0$ und γ reell; somit wird die Exponentialfunktion, welche der Bewegungsgleichung genügt,

$$\zeta = C e^{\gamma z + \frac{2\pi i t}{\tau}}.$$

Der reelle Theil derselben ist

$$\zeta = C_0 e^{\gamma z} \cos \frac{2\pi t}{\tau}.$$

Nehmen wir $\gamma < 0$ an, so wird die Amplitude der Schwingungsbewegung sehr rasch abnehmen, wenn man sich in der Richtung der positiven z von der Ebene $z = 0$ entfernt; wir haben es also mit einem erlöschenden Strahl zu thun.

54. Bahn der Aethermoleküle bei den Transversalbewegungen. — Setzen wir

$$\frac{2\pi}{\lambda}(z + Vt) + \varphi = \omega\,; \quad \varphi_1 - \varphi = \Theta,$$

so gehen die Ausdrücke

$$\xi = A_0 \cos\left[\frac{2\pi}{\lambda}(z + Vt) + \varphi\right]$$

$$\eta = B_0 \cos\left[\frac{2\pi}{\lambda}(z + Vt) + \varphi_1\right],$$

welche wir für die in der Wellenebene erfolgenden Transversalverschiebungen eines Moleküls gefunden hatten (vgl. § 52), über in

$$\xi = A_0 \cos \omega$$

$$\eta = B_0 \cos (\omega + \Theta).$$

Durch Elimination von ω aus diesen beiden Gleichungen finden wir die Gleichung der Kurve, welche das Molekül beschreibt; wir erhalten nämlich

$$\cos \omega = \frac{\xi}{A_0}; \quad \sin \omega = -\frac{\eta}{B_0 \sin \Theta} + \frac{\xi}{A_0} \operatorname{cotg} \Theta.$$

Erheben wir beide Ausdrücke in's Quadrat und addiren sie, so folgt

$$\frac{\xi^2}{A_0^2} + \left(\frac{\xi}{A_0} \operatorname{cotg} \Theta - \frac{\eta}{B_0 \sin \Theta}\right)^2 = 1.$$

Dies ist die Gleichung einer Ellipse; diese Ellipse geht für $\theta = 0$ oder $= \pi$ in eine Gerade über, wie man leicht sieht, wenn man $\cos \omega$ aus den beiden Gleichungen für ξ und η eliminirt, nachdem man $\Theta = 0$ gesetzt hat. Je nachdem die Bahn des schwingenden Moleküls eine Ellipse oder eine Gerade ist, nennt man das Licht elliptisch oder geradlinig polarisirt.

Die Schwingungsrichtung des Aethers bei geradlinig polarisirtem Lichte experimentell zu bestimmen, ist nicht möglich; das einzige, was sich beobachten lässt, ist die Thatsache, dass die Erscheinungen von der Lage einer bestimmten Ebene abhängen, welche man Polarisationsebene genannt hat. Aus Gründen der Symmetrie müssen die Schwingungen entweder in der Polarisationsebene oder senkrecht dazu erfolgen. Fresnel nimmt an, dass sie senkrecht dazu verlaufen, andere Gelehrte (F. E. Neumann) haben die entgegengesetzte Hypothese vorgezogen; wir werden späterhin noch ausführlich auf diesen Punkt zurückkommen.

55. Bemerkung über die Konstanten, welche in den Bewegungsgleichungen auftreten. — Bei der Lösung der Gleichungen für die transversale Bewegung (§ 50) wurden die Grössen A_0, B_0, C_0, α, β, γ, φ, V, λ als Konstanten betrachtet. In Wirklichkeit nehmen die sieben ersten dieser neun Grössen innerhalb einer Sekunde unendlich viele Werthe an, aber da sie sich viel langsamer ändern als ξ, η, ζ, so darf man sie während der Dauer einer gewissen Anzahl von Schwingungen als konstant auffassen (dies gilt für mindestens 50000 Schwingungen, deren Schwingungsdauer ungefähr den zehnmilliardsten Theil einer Sekunde beträgt). Die Fortpflanzungsgeschwindigkeit V des Lichtes ist für ein homogenes Medium eine absolute Konstante, dasselbe gilt bei monochromatischem Lichte für λ. Man könnte auch annehmen, dass sich λ auf irgend eine Weise beim weissen Lichte ändert oder mit anderen Worten, dass das weisse Licht durch die Superposition einer grossen Anzahl von monochromatischen Lichtarten gebildet wird. Da wir jedoch im Verlaufe unserer Betrachtungen immer nur monochromatisches Licht berücksichtigen werden, so dürfen wir auch bei unseren Rechnungen λ als Konstante betrachten. Wollte man dann den Werth der Verschiebungen eines Moleküls für weisses Licht finden, so würde man nur die Summe aus einer grossen Anzahl von Verschiebungen zu bilden haben, wobei für jede derselben λ als Konstante aufzufassen wäre.

56. Intensität des Lichts. — Die Intensität einer Lichtschwingung definirt man als eine Grösse, welche der lebendigen Kraft des in Bewegung befindlichen Moleküls proportional ist. Da diese lebendige Kraft als Funktion der Zeit sich sehr rasch ändert, so ist die Annahme gestattet, dass die messbare Intensität, d. h. diejenige Intensität, welche auf unsere Sinne wirkt, dem Mittelwerthe dieser Funktion proportional ist.

Die lebendige Kraft des in Bewegung befindlichen Moleküls ist in einem bestimmten Augenblicke gegeben durch

$$\varrho\left[\left(\frac{\partial\xi}{\partial t}\right)^2+\left(\frac{\partial\eta}{\partial t}\right)^2\right].$$

Nun sahen wir (§ 54), dass bei der Fortpflanzung des Lichtes durch reelle Wellen — dem einzigen Falle, der bei experimentellen Untersuchungen in Betracht kommt, — die Verschiebungskomponenten eines Moleküls dargestellt werden durch

$$\xi = A_0 \cos\omega\,; \qquad \eta = B_0\cos(\omega+\Theta),$$

wobei

$$\omega = \frac{2\pi}{\lambda}(z+Vt)+\varphi.$$

Differentiiren wir ξ und η nach t und betrachten A_0, B_0 und φ als Konstanten, so erhalten wir

$$\frac{\partial\xi}{\partial t} = -\,A_0\frac{2\pi V}{\lambda}\sin\omega; \qquad \frac{\partial\eta}{\partial t} = -\,B_0\frac{2\pi V}{\lambda}\sin(\omega+\Theta)\,.$$

Da nun $\sin x = -\cos\left(x+\frac{\pi}{2}\right)$, so sind $\frac{\partial\xi}{\partial t}$ und $\frac{\partial\eta}{\partial t}$ bis auf den konstanten Faktor $\frac{2\pi V}{\lambda}$ gleich ξ und η, wenn man in den Ausdrücken für diese letzteren Werthe ω um $\frac{\pi}{2}$ vermehrt. Dies kommt aber, in Folge des Werthes von ω, auf dasselbe hinaus, als ob man t um $\frac{\lambda}{4V}$ oder um $\frac{\tau}{4}$ wachsen lässt. Demnach sind die Werthe von $\frac{\partial \xi}{\partial t}$ und $\frac{\partial \eta}{\partial t}$ zur Zeit t proportional den Werthen von ξ und η zur Zeit $t+\frac{\tau}{4}$, und die lebendige Kraft eines Moleküls zur Zeit t wird der Summe aus den Quadraten der Werthe ξ und η zur Zeit $t+\frac{\tau}{4}$ proportional sein. Wenn man aber t mit $\left(t+\frac{\tau}{4}\right)$ vertauscht, so ändert sich deshalb der Mittelwerth der lebendigen Kraft noch nicht, die letztere wird also dem Mittelwerthe von $\xi^2+\eta^2$ proportional sein. Wir dürfen somit als Werth für die Lichtintensität eine dem Mittelwerthe von $\xi^2+\eta^2$ proportionale Grösse wählen.

57. Interferenz des nicht polarisirten Lichtes. — Es sei P ein Punkt des Raumes, zu welchem Licht aus einer in der Entfernung z befindlichen Lichtquelle gelangt; dann haben wir für die Verschiebungskomponenten des in P befindlichen Aethermoleküls (§ 52) zu setzen

$$\xi = A_0 \cos\left[\frac{2\pi}{\lambda}(z+Vt)+\varphi\right]; \qquad \eta = B_0 \cos\left[\frac{2\pi}{\lambda}(z+Vt)+\varphi_1\right].$$

Setzt man

$$\omega = \frac{2\pi}{\lambda}(z+Vt)+\varphi; \qquad \Theta = \varphi_1 - \varphi,$$

so werden diese Ausdrücke

$$(1) \qquad \xi = A_0 \cos\omega; \qquad \eta = B_0 \cos(\omega+\Theta).$$

Wir nehmen nun an, der Punkt P erhalte gleichzeitig Licht von derselben Wellenlänge, welches entweder aus einer zweiten Lichtquelle stammt, oder auch aus der ursprünglichen, nur möge dasselbe in diesem Falle einen anderen Weg zurückgelegt haben, dessen Länge z' ist; dann erhalten wir für die Verschiebungskomponenten nach denselben Axen

$$(2) \qquad \xi = A_0' \cos\left[\frac{2\pi}{\lambda}(z'+Vt)+\varphi'\right]; \qquad \eta = B_0' \cos\left[\frac{2\pi}{\lambda}(z'+Vt)+\varphi_1'\right].$$

Wir führen nun eine neue Grösse ψ ein, welche man Gangdifferenz der Lichtstrahlen im Punkte P nennt und welche definirt ist durch die Gleichung

$$\frac{2\pi}{\lambda}(z'-z) = \psi.$$

Setzen wir ferner

$$\psi + \varphi' - \varphi = \varepsilon$$

$$\psi + \varphi_1' - \varphi_1 = \varepsilon_1,$$

so erhalten wir für die Gleichungen (2) die Ausdrücke

$$\xi = A_0' \cos(\omega + \varepsilon); \qquad \eta = B_0' \cos(\omega + \Theta + \varepsilon_1).$$

Die Verschiebung des Moleküls P, welche von den beiden Bewegungen herrührt, hat die Komponenten

$$(3) \qquad \xi = A_0 \cos\omega + A_0' \cos(\omega + \varepsilon)$$

$$\eta = B_0 \cos(\omega + \Theta) + B_0' \cos(\omega + \Theta + \varepsilon_1).$$

58. Um die Lichtintensität im Punkte P zu erhalten, suchen wir den Mittelwerth von $\xi^2 + \eta^2$. Nun ist

$$\xi^2 = A_0^2 \cos^2\omega + A_0'^2 \cos^2(\omega + \varepsilon) + 2\,A_0\,A_0' \cos\omega \cos(\omega + \varepsilon)$$

$$\eta^2 = B_0^2 \cos^2(\omega + \Theta) + B_0'^2 \cos^2(\omega + \Theta + \varepsilon_1) + 2 B_0 B_0' \cos(\omega + \Theta) \cos(\omega + \Theta + \varepsilon_1).$$

Während der Dauer einer Schwingung darf man A_0, φ und φ', somit auch ε als konstant betrachten; dagegen nimmt ω alle Werthe zwischen 0 und 2π an. Wir erhalten also für den Mittelwerth von ξ^2 während der Dauer einer Schwingung eine Grösse, welche dem zwischen den Grenzen 0 und 2π genommenen Integrale über ξ^2 proportional ist. Bezeichnen wir den Mittelwerth einer Grösse dadurch, dass wir die betreffende Grösse in eckige Klammern einschliessen, so finden wir

$$\left[A_0^2 \cos^2\omega\right] = \frac{1}{2\pi} A_0^2 \int_0^{2\pi} \cos^2\omega \, d\omega = \frac{A_0^2}{2}$$

$$\left[A_0'^2 \cos^2(\omega + \varepsilon)\right] = \frac{1}{2\pi} A_0'^2 \int_0^{2\pi} \cos^2(\omega + \varepsilon)\, d\omega = \frac{A_0'^2}{2}$$

$$\left[2\,A_0\,A_0' \cos\omega \cos(\omega + \varepsilon)\right] = \frac{1}{2\pi}\, 2\,A_0\,A_0' \int_0^{2\pi} \cos\omega \cos(\omega + \varepsilon)\, d\omega$$

$$= \frac{1}{2\pi} A_0\,A_0' \int_0^{2\pi} \left(\cos(2\omega + \varepsilon) + \cos\varepsilon\right) d\omega = A_0\,A_0' \cos\varepsilon,$$

somit

$$\left[\xi^2\right] = \frac{A_0^2}{2} + \frac{A_0'^2}{2} + A_0 A_0' \cos \varepsilon .$$

Entsprechend würden wir für den Mittelwerth von η^2 während der Dauer einer Schwingung finden

$$\left[\eta^2\right] = \frac{B_0^2}{2} + \frac{B'^2}{2} + B_0 B_0' \cos \varepsilon_1 .$$

Wir bestimmen nunmehr den Mittelwerth dieser Grössen während der Zeiteinheit einer Sekunde. In diesem Falle müssen die Grössen A_0, A_0', B_0, B_0' als Variabele betrachtet werden, ebenso die Grössen φ und φ', und da diese letzteren während der Zeiteinheit unendlich viele verschiedene Werthe annehmen, so ist dasselbe im Allgemeinen auch für die Grösse ε der Fall. Somit wird $\cos \varepsilon$ alle Werthe zwischen ± 1 annehmen, der Mittelwerth von $\cos \varepsilon$ während der Zeiteinheit wird also Null sein und damit reducirt sich der Mittelwerth von ξ^2 während dieses Intervalles auf $\left[\frac{A_0^2}{2} + \frac{A_0'^2}{2}\right]$; aus dem gleichen Grunde wird der Mittelwerth von η^2 während einer Sekunde $\left[\frac{B_0^2}{2} + \frac{B_0'^2}{2}\right]$ sein. Abgesehen von gewissen Ausnahmefällen wird also die Intensität in P nicht von der Lage dieses Punktes abhängen und sich auf die arithmetische Summe aus den Intensitäten reduciren, welche von jedem der beiden komponirenden Strahlen herrühren.

59. Wir wollen mit φ_0 und φ_0' die Werthe von φ und φ' in der Nähe der Lichtquellen bezeichnen, während im Punkte P die Werthe dieser selben Winkel auch fernerhin φ und φ' sein mögen. Nun sind diese vier Grössen φ, φ', φ_0, φ_0' Funktionen der Zeit, und wir haben

$$\varphi(t) = \varphi_0\left(t - \frac{z}{V}\right); \quad \varphi'(t) = \varphi_0'\left(t - \frac{z'}{V}\right).$$

Wenn die beiden Strahlen nicht aus der gleichen Lichtquelle stammen, so liegt kein Grund dafür vor, dass $\varphi_0 = \varphi_0'$ und $\varphi = \varphi'$ ist; die beiden Winkel φ und φ' werden sich also unabhängig von einander ändern. Daher kann ihre Differenz $\varphi - \varphi'$, und somit auch ε, alle möglichen Werthe annehmen, so dass der Mittelwerth von $\cos \varepsilon$ Null sein wird; daher werden die beiden Strahlen nicht interferiren.

Stammen dagegen beide Strahlen aus derselben Lichtquelle, so hat man

$$\varphi'(t) = \varphi_0 \left(t - \frac{z'}{V}\right) = \varphi\left(t + \frac{z - z'}{V}\right).$$

Ist ψ nicht so klein, dass $\frac{z - z'}{V}$ weniger beträgt als etwa den zehnmilliardsten Theil einer Sekunde, so ist kein Grund dafür vorhanden, dass $\varphi' = \varphi$, somit werden aus denselben Gründen wie im vorhergehenden Falle die Strahlen nicht interferiren[1]).

Stammen endlich beide Strahlen aus derselben Lichtquelle und ihre Gangdifferenz ψ ist klein genug, dass $\frac{z - z'}{V}$ unter dem zehnmilliardsten Theile einer Sekunde liegt, so hat man

$$\varphi = \varphi'$$

und somit

$$\varepsilon = \psi + \varphi' - \varphi = \psi.$$

Ebenso können φ_1 und φ_1' als gleich aufgefasst werden, und wir erhalten $\varepsilon_1 = \psi$. Ersetzt man nun in dem Ausdrucke für den Mittelwerth von $\xi^2 + \eta^2$ die Grössen ε und ε_1 durch ihren Werth ψ, so tritt darin der Mittelwerth von

$$A_0 A_0' \cos\psi + B_0 B_0' \cos\psi$$

auf. Für den betrachteten Punkt P ist nun zwar die Gangdifferenz ψ eine Konstante, dagegen ändert sich der Werth von ψ, wenn man sich vom Punkte P entfernt; die Lichtintensität wird also im Punkte P nicht dieselbe sein, wie in einem benachbarten Punkte, und somit erhalten wir Interferenzstreifen.

60. **Interferenz des polarisirten Lichtes.** — Wir wollen nun die beiden Strahlen auf zwei Polarisatoren Π und Π' fallen lassen, deren Polarisationsebenen parallel sein mögen. Wählen wir als YZ-Ebene eine zu den Polarisationsebenen parallele Ebene und nehmen an, dass die Schwingungen senkrecht dazu gerichtet seien, dann werden die η-Komponenten der beiden Lichtstrahlen zerstört, somit wird die Lichtintensität in einem Punkte P, zu dem die Strahlen nach ihrem Durchgange durch die Polarisatoren gelangen, proportional dem Mittelwerthe aus dem Quadrate der Summe der ξ-Komponenten. In Folge dessen wird in diesem Falle unter den

---

[1]) In den letzten Jahren ist es gelungen, mit wirklich monochromatischem Lichte selbst bei Gangdifferenzen von mehreren hunderttausend Wellenlängen noch deutliche Interferenzen zu erzielen; die vom Verf. oben angenommene Grenze von 50000 Wellenlängen muss demnach wesentlich erweitert werden. — D. Uebers.

gleichen Bedingungen Interferenz auftreten, wie beim natürlichen Lichte.

Weiter wollen wir annehmen, die Polarisatoren Π und Π' seien senkrecht zu einander orientirt, somit gilt dies auch für die Polarisationsebenen der Strahlen, welche die Polarisatoren durchsetzen, und wir können dieselben zur YZ- und XZ-Ebene wählen. Nun wird die Komponente η des ersten Strahls beim Durchgang durch den Polarisator Π zerstört, wir haben somit $B_0 = 0$, ebenso wird die Komponente ξ des zweiten Strahles durch den Polarisator Π' vernichtet, demnach ist $A_0' = 0$. Somit kommt in dem Mittelwerthe des Ausdrucks für die Intensität im Punkte P kein mit $\cos \varepsilon$ behaftetes Glied vor, da die Koefficienten dieser Glieder Null sind, es findet also keine Interferenz statt.

Schliesslich lassen wir nun die beiden Strahlen, welche bereits getrennt die Polarisatoren Π und Π' passirt hatten, noch durch einen dritten Polarisator Π'' gehen. Bei seinem Eintritt in den Polarisator Π'' hat der erste Strahl eine Verschiebung nach der X-Axe

$$\xi = A_0 \cos \omega,$$

der zweite eine solche nach der Y-Axe

$$\eta = B_0' \cos (\omega + \Theta + \varepsilon_1),$$

oder, wenn man annimmt, dass die Gangdifferenz beider Strahlen nur sehr gering ist

$$\eta = B_0' \cos (\omega + \Theta + \psi).$$

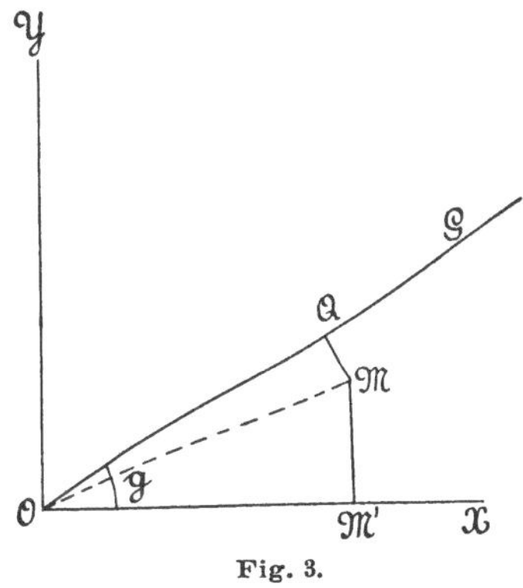

Fig. 3.

Unter dem Einflusse dieser beiden Bewegungen gelangt das in O befindliche Aethermolekül nach dem Punkte M mit den Koordinaten ξ und η (Fig. 3). Nun möge O G die neue Schwingungsrichtung beim Austritte aus dem Polarisator Π'' bezeichnen; dann lässt sich die Schwingung O M in zwei Komponenten zerlegen, deren eine mit O G zusammenfällt, während die darauf senkrechte in Folge des Durchganges durch Π'' vernichtet wird; wir erhalten somit

$$\mathrm{O\,Q} = \mathrm{O\,M'} \cos g + \mathrm{M\,M'} \sin g = \xi \cos g + \eta \sin g.$$

Ersetzt man ξ und η durch ihre Werthe, so erhält man

$$\mathrm{O\,Q} = \mathrm{A}_0 \cos g \cos \omega + \mathrm{B}_0' \sin g \cos (\omega + \Theta + \psi).$$

Um nun die Lichtintensität in einem Punkte P zu bestimmen, hat man den Mittelwerth von $\overline{\mathrm{O\,Q}}^2$ für eine sehr grosse Anzahl von Schwingungen zu suchen. Der Mittelwerth dieser Grösse während einer Schwingung ist

$$\frac{1}{2}\left[\mathrm{A}_0^2 \cos^2 g + \mathrm{B}_0'^2 \sin^2 g + 2\,\mathrm{A}_0\,\mathrm{B}_0' \sin g \cos g \cos (\Theta + \psi)\right].$$

Wenn nun das Licht vor dem Eintritte in Π und Π' unpolarisirt war, so kann Θ unendlich viele Werthe annehmen, und in dem Mittelwerthe des vorangegangenen Ausdruckes verschwindet das Glied mit $\cos (\Theta + \psi)$, es kommt also keine Interferenz zu Stande.

Ist dagegen das Licht vor seinem Durchgange durch Π und Π' geradlinig polarisirt gewesen, dann ist die Grösse $\Theta = 0$ oder $= \pi$. In diesem Falle wird der Werth des letzten Gliedes, bis auf das Vorzeichen,

$$2\,\mathrm{A}_0\,\mathrm{B}_0' \sin g \cos g \cos \psi,$$

sein Mittelwerth während einer grossen Anzahl von Schwingungen wird also $\cos \psi$ enthalten und die Strahlen werden interferiren.

Kapitel III.

Das Princip von Huyghens.

61. Das Huyghens'sche Princip, auf welchem die Beugungstheorie beruht, war der Gegenstand zahlreicher Einwürfe; um diese zu entkräften und die Richtigkeit dieses wichtigen Princips nach Möglichkeit zu erweisen, werden wir genöthigt sein, uns eingehender mit diesem Gegenstande zu beschäftigen.

Wir wollen zunächst den Gedankengang von Huyghens auseinandersetzen; zu diesem Zwecke nehmen wir an, alle Aethermoleküle seien in Ruhe, und man bringe nur bei denjenigen eine Erschütterung hervor, welche sich innerhalb einer Kugel A (Fig. 4) von sehr kleinem Radius befinden; sodann überlasse man die Moleküle sich selbst. Die den Molekülen in A mitgetheilte Erschütterung wird sich nun in den Aether weiter verbreiten; Huyghens nimmt an, dass eine kugelförmige Welle entsteht, und dass nach Verlauf einer gewissen Zeit t die einzigen Moleküle, welche in Bewegung sind, eine unendlich dünne Schicht auf der Oberfläche einer mit A koncentrischen Kugel S vom Radius Vt einnehmen. Diese Hypothese läuft auf die Annahme hinaus, dass die Fortpflanzung einer isolirten Welle möglich sei, und wenn auch der experimentelle Nachweis dafür niemals gelingen dürfte, so kann man von dieser Abstraction in der Theorie doch Gebrauch machen. In diesem Falle werden nach Verlauf einer Zeit $t + t'$ die einzigen in Bewegung

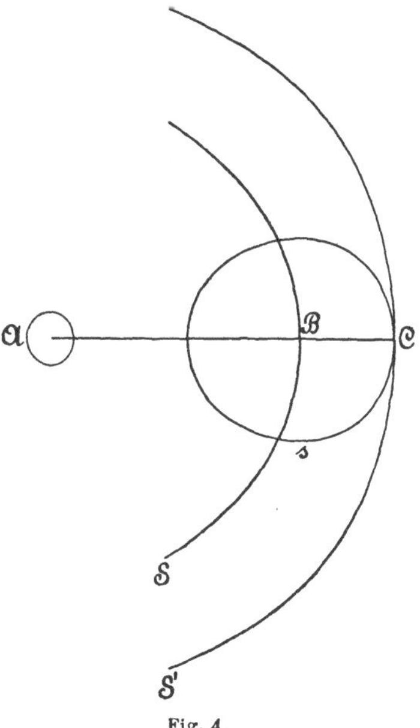

Fig. 4.

befindlichen Moleküle in einer Kugelschicht S' vom Radius $V(t+t')$ liegen, welche mit S koncentrisch ist. Das Princip von Huyghens besteht nun in der Annahme, dass die Aetherbewegung in jedem Punkte dieser Welle S' die Resultante der sämmtlichen Bewegungen ist, welche alle Elemente derselben Welle in ihrer früheren Lage S, einzeln für sich genommen, verursachen würden.

Ist dies Princip richtig, dann kann man daraus schliessen, dass die sämmtlichen in Bewegung befindlichen Moleküle zur Zeit $(t+t')$ innerhalb der Kugelschicht S' liegen. Nun wird die Partialwelle, welche bei der Fortpflanzung derjenigen Erschütterung entsteht, die ein Element B der Kugel S zur Zeit t erlitt, eine Kugel mit dem Mittelpunkte B und dem Radius Vt' sein; diese Kugel wird also die Welle S' berühren. Dasselbe ist für die sämmtlichen Partialwellen der Fall, und man darf daher die Welle S' als Einhüllende der Partialwellen auffassen, welche von den verschiedenen Punkten von S ausgehen. Somit ist es klar, dass jenseits der Welle S' eine Bewegung nicht vorhanden sein kann, dagegen liegt a priori kein Grund dafür vor, dass dies auch innerhalb der Welle S' der Fall sein müsse. Im Gegentheil scheint die Begründung dieser Annahme im ersten Augenblicke schwierig zu sein, denn da die Bewegungen der auf der Erschütterungskugel gelegenen Moleküle in demselben Sinne zu verlaufen scheinen, müssten sie auch Bewegungen in derselben Richtung hervorrufen, die sich nicht gegenseitig vernichten können. Huyghens suchte diese Anomalie durch die Annahme zu erklären, dass bei der unendlich geringen Dicke der Schicht S die Bewegungen, welche von der Erschütterung der verschiedenen Elemente dieser Oberfläche herrühren, unendlich klein sein müssen, und dass sie daher nur auf der Oberfläche S' zu bemerken wären, wo eine grosse Anzahl dieser Bewegungen zusammenwirkt. Diese Erklärung kann jedoch vor einer strengen Analyse nicht bestehen.

62. Fresnel modificirt in seiner Beugungstheorie das Huyghens'sche Princip, indem er nicht mehr eine isolirte Welle betrachtet, sondern vielmehr eine ganze Reihe von Wellen, welche von Schwingungsbewegungen herrühren. Er spricht dies Princip folgendermaassen aus: *Die Schwingungen einer Lichtwelle in jedem ihrer Punkte kann man als die Summe aller einzelnen Elementarbewegungen auffassen, welche alle Theile dieser Welle von einer beliebigen früheren Stellung aus in demselben Augenblicke an diesen Punkt gesendet haben würden.* Hierzu fügt er noch die Anmerkung[1]: „Ich betrachte immer die Aufeinanderfolge einer unendlich grossen Anzahl von Schwingungen oder

[1]) Oeuvres de Fresnel, Bd. *1*, S. 293.

eine allgemeine Schwingung des Fluidum. Denn nur in diesem Sinne kann man davon sprechen, dass zwei Lichtwellen sich vernichten, wenn sie um eine halbe Wellenlänge verschieden sind. Die Formeln für die Interferenz, welche ich aufgestellt habe, lassen sich durchaus nicht auf den Fall anwenden, wo es sich um eine isolirte Schwingung handelt, ein Fall, der übrigens in der Natur auch nicht vorkommt.“ — Wenn man, wie Fresnel, auf diese Weise die aufeinanderfolgenden Wellen in's Auge fasst, wobei die Schwingungen der Moleküle von S bald in der einen, bald in einer anderen Richtung vor sich gehen, ist es erklärlich, warum zur Zeit $(t + t')$ die ausserhalb der Oberfläche S' befindlichen Moleküle nicht in Bewegung begriffen sind. Immerhin ist diese Erklärung keineswegs über jeden Einwurf erhaben, wie wir im folgenden Paragraphen sehen werden. Ausserdem lässt auch die — in mathematischer Betrachtungsweise immerhin mögliche — Fortpflanzung einer isolirten Welle noch eine Schwierigkeit bestehen, welche beseitigt werden muss.

63. Fresnel's Streit mit Poisson. — Ob man nun eine isolirte Welle betrachten mag oder eine Reihe von aufeinanderfolgenden Wellen, immer wird das Huyghens'sche Princip zu der Annahme nöthigen, dass ausser der Welle S' noch eine andere Welle S'' entsteht, welche die innere Einhüllende für die Elementarwellen S bildet. Dies ist einer der Einwürfe, welche Poisson in einem an Fresnel gerichteten Briefe [1]) erhebt, aus dem wir folgende Stelle wiedergeben wollen: „Ich möchte Ihnen ausserdem bemerken, dass in der Ueberlegung, die Sie zu der Formel auf Seite 287 Ihrer Abhandlung über die Beugung [2]) geführt hat, kein Grund dafür vorhanden ist, dass der Punkt P (Fig. 5) jenseits der Welle AMF liegen muss, und dass, wenn er diesseits dieser Welle läge, genau dieselbe Ueberlegung Sie zu einer ähnlichen Formel für die ihm ertheilte Geschwindigkeit führen würde; diese Formel enthielte nur für die Entfernung CP an Stelle von $(a + b)$ die Differenz $(a - b)$. Aus Ihren Sätzen würde also folgen, dass die Welle AMF, auch wenn sie voll-

---

1) Oeuvres de Fresnel, Bd. *2*, S. 209.

2) Er meint damit die Formel

$$\left[\left[\int dz \cos\left(\pi \frac{z^2 (a+b)}{a b \lambda}\right)\right]^2 + \left[\int dz \sin\left(\pi \frac{z^2 (a+b)}{a b \lambda}\right)\right]^2\right]^{1/2},$$

welche die Verschiebungsgeschwindigkeit im Punkte P darstellt und die Fresnel auf Grund des Huyghens'schen Princips aufstellte (Oeuvres de Fresnel Bd. *1*, S. 316); hierbei bedeutet a die Entfernung CM, b die Entfernung MP.

ständig ist, sowohl diesseits wie jenseits ihrer Oberfläche Bewegung hervorrufen müsste, ein Schluss, der genügen würde zum Beweise dafür, dass in Ihrer Auffassung dieser Frage irgend ein Fehler vorhanden sein muss. Das Entstehen einer neuen Welle diesseits der von Ihnen betrachteten und die Thatsache, dass diese Bewegung sich nicht auch nach rückwärts fortpflanzt, lässt sich nur dadurch erklären, dass ein bestimmtes Verhältniss zwischen den Verdichtungen und den eigenen Geschwindigkeiten der Moleküle in der gegebenen Welle besteht, nicht aber durch Interferenz der Elementarwellen, welche von allen ihren Punkten zu verschiedenen Zeiten ausgegangen sind."

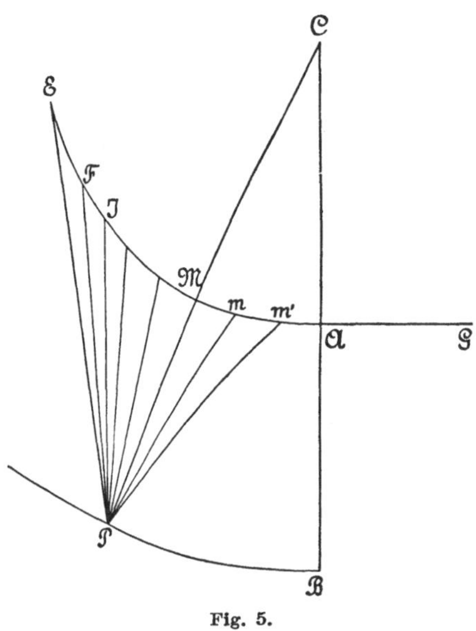

Fig. 5.

64. Nachdem Fresnel in seiner Erwiderung auf diesen Brief zunächst andere Einwürfe von Poisson beantwortet hatte, kommt er schliesslich zur wirklichen Erklärung der Anomalie, welche die Mathematiker so lange aufgehalten hatte. Er sagt, bei der Bewegung eines Moleküls sei zweierlei zu unterscheiden, nämlich die Geschwindigkeit, welche das Molekül besitzt, und seine Verschiebung aus der Gleichgewichtslage; hieraus entständen zwei verschiedene Wellensysteme.

Bevor wir jedoch jene Stelle aus der Fresnel'schen Erwiderung anführen, müssen wir noch einige Bemerkungen über das Kosinusgesetz vorausschicken. Zu der Zeit, als dieser wissenschaftliche Streit stattfand, hatte Fresnel bereits seine grosse Entdeckung gemacht, dass die Lichtschwingungen transversal gerichtet sind, Poisson jedoch und die übrigen Mathematiker jener Zeit wollten dieselbe nicht anerkennen. So richtete denn Fresnel, getrieben von dem Wunsche, die Differenzen zwischen seinen und Poisson's Ansichten zu verringern, und in der Ueberzeugung, dass seine Beugungstheorie sich auf alle Hypothesen anwenden lasse, seine Ausführungen so ein, als hätte man es mit Longitudinalschwingungen zu thun.

In Folge dessen kam er durch eine Beweisführung, die auch aus anderen Gründen keineswegs einwurfsfrei ist, zu der Folgerung, dass die von einem Punkte B der Welle S (Fig. 6) zu einem Punkte D der Welle S′ übertragene Bewegung dem Kosinus des von der Richtung DB und der Wellennormale eingeschlossenen Winkels DBC proportional ist. Dieser Beweis ist in keiner Weise auf die Transversalbewegungen anwendbar.

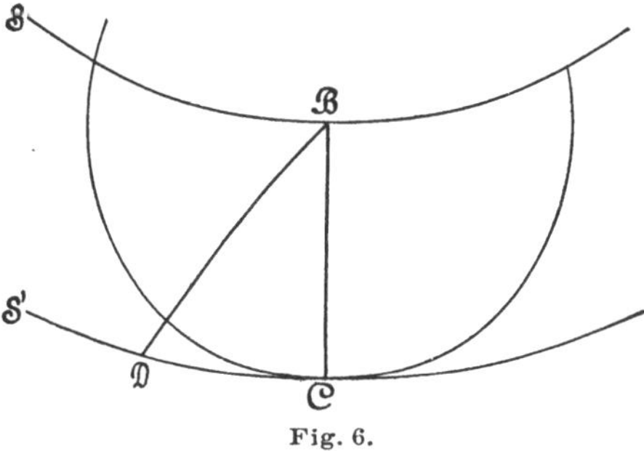

Fig. 6.

Glücklicherweise spielt das Kosinusgesetz in der Fresnel'schen Theorie keine wesentliche Rolle und darf bei diesem Streite nur als etwas Nebensächliches betrachtet werden. Die Einwürfe, zu welchen dies Gesetz Veranlassung gibt, stehen in keiner Beziehung zu Fresnel's Theorie.

65. Die wichtigste Stelle aus dem Briefe von Fresnel lautet[1]): „Sie werden vielleicht gegenüber der Ausführung, die ich soeben für den Fall einer kleinen Erschütterung gegeben habe, den Einwurf erheben, dass diese Erschütterung auch entgegengesetzt gerichtete Strahlen gleicher Intensität hervorrufen würde, selbst wenn die anfängliche Erschütterung von einer sekundären Welle ausginge. Darauf muss ich, wie ich es bereits gethan, antworten, dass dies keineswegs eine Folgerung des Princips ist, auf das ich mich stütze. Ich komme nämlich zu dem Kosinusgesetze, indem ich die beiden

[1]) Oeuvres complètes 2, S. 227.

Wellen getrennt betrachte, deren eine von den Geschwindigkeiten der im Erschütterungscentrum befindlichen Moleküle herrührt, während die andere auf die blossen Verschiebungen der Moleküle zurückzuführen ist. Falls nun diese beiden Wellenzüge auf das Fluidum in derselben Richtung wirken, so verstärken sie sich gegenseitig durch Uebereinanderlagerung, und wenn die Intensitäten an den verschiedenen Oberflächenpunkten bei beiden Wellen das Kosinusgesetz befolgen, so wird dies Gesetz auch bei der Welle Gültigkeit haben, die aus der Vereinigung der beiden Theilwellen entsteht. Haben die Wellen das Bestreben, die Aethermoleküle in entgegengesetzter Richtung zu bewegen, so werden sich die absoluten Geschwindigkeiten gegenseitig vermindern und sogar aufheben können, wenn sie gleiche Grösse besitzen. Dies ist aber der Fall für die rückläufigen Wellen, wenn das Erschütterungscentrum die specielle Beschaffenheit der sekundären Wellen besitzt. Fasst man beispielsweise ein Element einer derartigen Welle in dem Moment in's Auge, wo die Moleküle nach vorwärts getrieben werden, d. h. in der Fortpflanzungsrichtung der sekundären Welle, so ist bekanntlich diese Bewegung von einer Verdichtung, d. h. von einer Annäherung der Moleküle, begleitet. Wären nun die Moleküle nur verschoben, besässen aber in demselben Augenblicke keine Geschwindigkeit, so würde aus ihrer Annäherung eine Expansivkraft entstehen, welche das Fluidum nach rückwärts wie nach vorwärts treiben und so eine rückläufige Welle erzeugen würde, ähnlich derjenigen, welche sie nach vorwärts hervorbringt, nur dass bei beiden die absoluten Geschwindigkeiten das entgegengesetzte Vorzeichen hätten. Befänden sich dagegen die Moleküle in dem Momente, wo man die Erschütterung beobachtet, in ihrer Gleichgewichtslage, und man ertheilte ihnen in diesem Augenblicke nur die Geschwindigkeiten, welche sie vorwärts trieben, so würde auch dann eine rückläufige und eine vorwärts gerichtete Welle entstehen, da die hinteren Moleküle den vorderen folgen würden, und so fort von Schicht zu Schicht. Die nach rückwärts verlaufende Welle würde auch dieselbe Intensität besitzen, wie die nach vorwärts gerichtete, und würde die Moleküle des Fluidum in demselben Sinne verschieben, während die in Folge der einfachen Verdichtung entstandene rückläufige Welle die Moleküle im entgegengesetzten Sinne bewegt. Diese beiden Bewegungen werden sich also bei den rückwärts gerichteten Wellen, welche von der Verdichtung und von den Geschwindigkeiten der Moleküle herrühren, gegenseitig verringern, während sie sich bei den beiden nach vorwärts gerichteten Wellen addiren. Wenn also beide Ursachen gleich grosse Wirkungen erzeugen, wie dies speciell bei den sekundären Wellen der Fall ist, so werden sich die rückläufigen Wellen gegenseitig vernichten und die Schwingungen werden sich nur in der Bewegungsrichtung der sekundären Welle fortpflanzen können."

Dies war thatsächlich die richtige Erklärung für das Huyghens'sche Princip, wie wir im Folgenden noch genauer nachweisen werden.

66. Integration der Gleichungen für die Transversalbewegungen bei Kugelwellen. — Wir wollen wieder auf die Gleichungen für die Transversalbewegungen

$$\frac{\partial^2 \xi}{\partial t^2} = V^2 \Delta \xi; \quad \frac{\partial^2 \eta}{\partial t^2} = V^2 \Delta \eta; \quad \frac{\partial^2 \zeta}{\partial t^2} = V^2 \Delta \zeta$$

zurückgehen, die wir bereits für den Fall ebener Wellen gelöst hatten (vgl. § 50), und nunmehr die Integrale für den Fall suchen, dass wir es mit kugelförmigen Wellen zu thun haben.

Bei derartigen Wellen müssen die Verschiebungen und die Geschwindigkeiten in einem Punkte M (Fig. 7) dieselben Werthe für alle diejenigen Punkte besitzen, welche sich in der gleichen Entfernung r vom Mittelpunkte der Wellen befinden; demnach werden die Grössen ξ, η, ζ und deren Differentialquotienten nur von r und von der Zeit t abhängen. Wählen wir als Koordinatenanfang das Centrum der Kugelwellen und nennen x, y, z die Koordinaten des Punktes M, dann haben wir

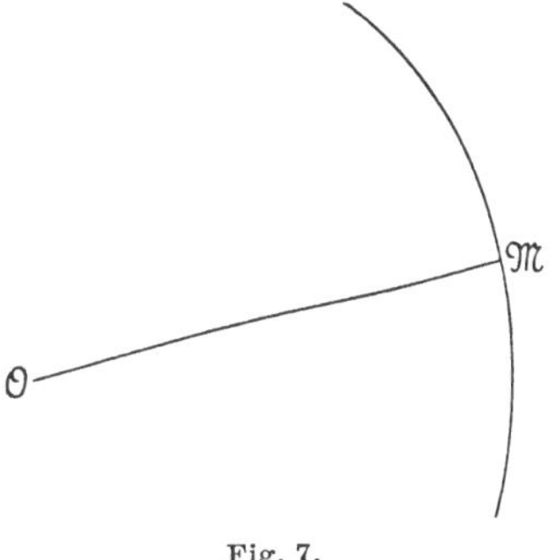

Fig. 7.

$$r^2 = x^2 + y^2 + z^2.$$

Wir wollen nun

$$\xi = \frac{u}{r}$$

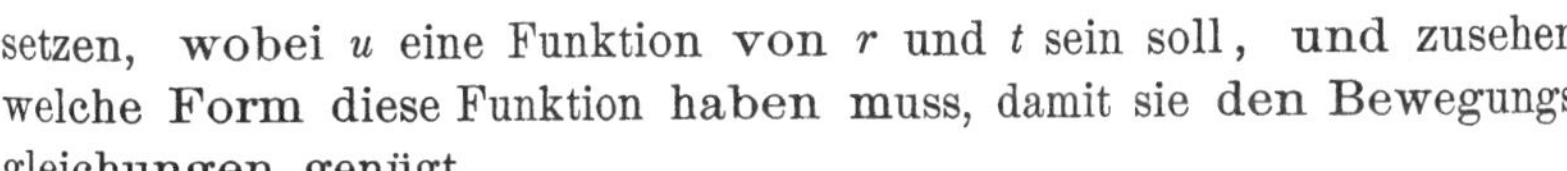

setzen, wobei u eine Funktion von r und t sein soll, und zusehen, welche Form diese Funktion haben muss, damit sie den Bewegungsgleichungen genügt.

Die Grösse $\Delta \xi$ ist eine homogene lineare Funktion von u und den ersten beiden Differentialquotienten von u nach r; wir können sie also schreiben

$$\Delta \xi = A u + B \frac{\partial u}{\partial r} + C \frac{\partial^2 u}{\partial r^2}.$$

67. Den Werth der Koefficienten A, B, C könnten wir nun dadurch bestimmen, dass wir die zweiten Differentialquotienten von ξ nach x, y, z berechneten und dieselben addirten; wir kommen jedoch einfacher zum Ziele, wenn wir specielle Annahmen über die Funktion u machen.

Setzen wir beispielsweise $u = 1$, dann haben wir $\xi = \frac{1}{r}$. Dies ist die Form der Potentialfunktion für die Anziehung zweier Punkte nach dem Newton'schen Gesetze, somit muss $\Delta\xi = 0$ sein, und da sich unser Ausdruck für $\Delta\xi$ in diesem speciellen Fall auf A reducirt, so folgt, dass A Null sein muss.

Wählen wir ferner $u = r$, so erhalten wir $\xi = 1$ und $\Delta\xi = 0$. Andererseits haben wir

$$\frac{\partial u}{\partial r} = 1; \qquad \frac{\partial^2 u}{\partial r^2} = 0;$$

da wir für A bereits den Werth Null gefunden haben, ist somit

$$\Delta\xi = \mathrm{B}\frac{\partial u}{\partial r} = 0;$$

es muss also auch der Koefficient $\mathrm{B} = 0$ sein.

Um endlich den Koefficient C zu ermitteln, setzen wir $u = r^3$; dann ist $\frac{\partial^2 u}{\partial r^2} = 6r$, und wir erhalten

$$\Delta\xi = 6\,\mathrm{C}r.$$

Andererseits ist bei $u = r^3$ der Werth von ξ:

$$\xi = \frac{u}{r} = r^2 = x^2 + y^2 + z^2,$$

somit

$$\Delta\xi = 6.$$

Durch Vergleichung der beiden für $\Delta\xi$ gefundenen Werthe folgt

$$\mathrm{C} = \frac{1}{r}.$$

Der Ausdruck für $\Delta\xi$ im allgemeinen Falle wird also

$$\Delta\xi = \frac{1}{r} \cdot \frac{\partial^2 u}{\partial r^2}.$$

Führen wir diesen Werth in die erste Bewegungsgleichung ein und ersetzen dabei noch $\frac{\partial^2 \xi}{\partial t^2}$ durch seinen Werth $\frac{1}{r} \cdot \frac{\partial^2 u}{\partial t^2}$, so erhalten wir eine Gleichung zur Bestimmung von u, nämlich

$$\frac{1}{r} \cdot \frac{\partial^2 u}{\partial t^2} = V^2 \frac{1}{r} \cdot \frac{\partial^2 u}{\partial r^2}$$

oder

$$\frac{\partial^2 u}{\partial t^2} = V^2 \frac{\partial^2 u}{\partial r^2}.$$

Durch Integration dieser Gleichung finden wir

$$u = F(r - Vt) + F_1(r + Vt),$$

und somit

$$\xi = \frac{F(r - Vt)}{r} + \frac{F_1(r + Vt)}{r}.$$

68. Da die Funktionen F und F_1 beliebig sind, so können wir eine derselben, z. B. F_1, gleich Null setzen, und erhalten dann den Ausdruck

$$\xi = \frac{F(r - Vt)}{r},$$

welcher den Bewegungsgleichungen genügt. Demnach lässt sich im allgemeinen Falle ξ als eine Verschiebung betrachten, welche aus zwei Bewegungen entsteht, die sich in kugelförmigen Wellen fortpflanzen und von denen die eine mit der Geschwindigkeit V, die andere mit der Geschwindigkeit $-V$ vom Mittelpunkte 0 ausgeht. Der Faktor $\frac{1}{r}$, welcher im Ausdrucke von ξ auftritt, zeigt, dass die Bewegung mit der Entfernung vom Erschütterungscentrum abnimmt.

Die beiden anderen Gleichungen der Transversalbewegungen würden für η und ζ Ausdrücke liefern, welche dem für ξ gefundenen analog sind.

69. Durch die Festsetzung bestimmter Anfangswerthe für die Verschiebungs- und Geschwindigkeitskomponenten wird die Bewegung vollständig bestimmt, und man kann dann die Funktionen F und F_1 finden. Nehmen wir an, dass zur Zeit $t = 0$

$$\xi = \varphi(r); \qquad \frac{\partial \xi}{\partial t} = \psi(r)$$

sei, so erhalten wir aus dem allgemeinen Ausdrucke für ξ, wenn wir darin $t = 0$ setzen,

$$r\varphi(r) = F(r) + F_1(r). \tag{1}$$

Der Differentialquotient von ξ nach der Zeit wird

$$\frac{\partial \xi}{\partial t} = -V \frac{F'(r - Vt)}{r} + V \frac{F_1'(r + Vt)}{r};$$

setzt man darin $t=0$, so folgt:

$$\frac{\partial\xi}{\partial t}=-\mathrm{V}\frac{\mathrm{F}'(r)}{r}+\mathrm{V}\frac{\mathrm{F}_1'(r)}{r},$$

und somit

(2) $$r\psi(r)=\mathrm{V}\left[\mathrm{F}_1'(r)-\mathrm{F}'(r)\right].$$

Aus den Gleichungen (1) und (2) lassen sich die Funktionen F und F_1 bestimmen.

Eine specielle Lösung der Gleichungen für die Transversalbewegung, welche gerade für die Optik von Interesse ist, erhält man, wenn man setzt:

$$\mathrm{F}_1(r)=0; \qquad \mathrm{F}(r)=e^{i\alpha r}.$$

Dann wird der Werth von ξ

$$\xi=\frac{e^{i\alpha(r-\mathrm{V}t)}}{r}.$$

Der zweite Differentialquotient von ξ nach t wird $-\alpha^2\mathrm{V}^2\xi$. Da nun ξ den Bewegungsgleichungen genügen soll, so muss gelten

$$\frac{\partial^2\xi}{\partial t^2}=\mathrm{V}^2\varDelta\xi,$$

d. h.

$$-\alpha^2\mathrm{V}^2\xi=\mathrm{V}^2\varDelta\xi,$$

oder

$$\varDelta\xi+\alpha^2\xi=0.$$

70. Allgemeine Integrale der Gleichungen für die Transversalbewegungen. — Wir wollen die erste Gleichung

(1) $$\frac{\partial^2\xi}{\partial t^2}=\mathrm{V}^2\varDelta\xi$$

etwas näher in's Auge fassen. Das allgemeine Integral derselben finden wir dadurch, dass wir eine Funktion ξ von x, y, z und t suchen, welche dieser Gleichung genügt, und die sich ausserdem für $t=0$ auf eine willkürliche Funktion von x, y und z reducirt, während ihr Differentialquotient nach der Zeit für $t=0$ eine andere willkürliche Funktion von x, y, z darstellt.

Das allgemeine Integral enthält somit zwei willkürliche Funktionen.

Zunächst wollen wir zusehen, wohin uns die Anwendung des Huyghens'schen Princips führt. Zu diesem Zwecke nehmen wir an, dass die anfängliche Erschütterung der Moleküle im Punkte

x', y', z' zur Zeit $t=0$ gleich $F(x', y', z')$ sei. Nach Verlauf einer Zeit t wird dieser Punkt x', y', z' eine Erschütterung $\frac{F}{r}$ nach allen Punkten x, y, z entsandt haben, welche in einer Entfernung $r = Vt$ vom Punkte x', y', z' liegen, während alle Punkte, die sich in einer grösseren oder geringeren Entfernung befinden, keine Erschütterung von ihm aus erleiden.

Somit wird also auch dem Punkte x, y, z nach dem Huyghens'-schen Princip zur Zeit t eine Erschütterung $\frac{F}{r}$ von allen den Punkten x', y', z' derjenigen Kugel zugeführt werden, deren Mittelpunkt x, y, z und deren Radius $r = Vt$ ist, während er von keinem anderen Punkte des Raumes aus eine Erschütterung erleidet.

Wir setzen also

$$\xi = \int \frac{F(x', y', z')}{r} d\omega, \tag{2}$$

wobei das Integral über alle Oberflächenelemente $d\omega$ der Kugel mit dem Mittelpunkte x, y, z und dem Radius $r = Vt$ auszudehnen ist; hierbei bezeichnen x', y', z' die Koordinaten des Elements $d\omega$. Der Werth des Integrals wird offenbar vom Mittelpunkte und dem Radius dieser Kugel abhängen, ξ wird also eine Funktion von x, y, z und t sein. Wir haben somit zum Beweise für die Richtigkeit des Huyghens'schen Princips zu zeigen, dass der Werth (2) der Gleichung (1) genügt.

Zu diesem Zwecke bestimmen wir $\frac{\partial \xi}{\partial x}$, indem wir x einen Zuwachs dx ertheilen, während y, z und t, somit auch r ihre Werthe beibehalten; dies kommt darauf hinaus, dass wir die Kugel parallel zur X-Axe um die Grösse dx verschieben. Hieraus ergibt sich für x' ein Zuwachs dx, während $y', z', d\omega$ und r ihre Werthe beibehalten. Dann wird der Zuwachs von $F(x', y', z')$ sein: $\frac{\partial F}{\partial x'} dx$, und wir erhalten

$$d\xi = \int \frac{\partial F}{\partial x'} dx \frac{d\omega}{r}.$$

Da der Zuwachs von x' für alle Elemente des Integrals dieselbe Grösse hat, kann man dx als Faktor vor das Integral setzen und beide Seiten der Gleichung durch dx dividiren; man findet somit

$$\frac{\partial \xi}{\partial x} = \int \frac{\partial F}{\partial x'} \cdot \frac{d\omega}{r}.$$

Eine nochmalige Differentiation nach x liefert für den zweiten Differentialquotient den Werth

$$\frac{\partial^2 \xi}{\partial x^2} = \int \frac{\partial^2 F}{\partial x'^2} \cdot \frac{d\omega}{r},$$

und eine analoge Rechnung würde für die zweiten Differentialquotienten von ξ nach y und z ergeben:

$$\frac{\partial^2 \xi}{\partial y^2} = \int \frac{\partial^2 F}{\partial y'^2} \cdot \frac{d\omega}{r}$$

$$\frac{\partial^2 \xi}{\partial z^2} = \int \frac{\partial^2 F}{\partial z'^2} \cdot \frac{d\omega}{r}.$$

Durch Summation dieser drei Gleichungen finden wir

$$\Delta \xi = \int \Delta F\,(x', y', z')\,\frac{d\omega}{r}. \tag{3}$$

71. Wir wollen nun den zweiten Differentialquotient des Integrals (2) nach der Zeit bestimmen. Ertheilen wir der Zeit t einen Zuwachs dt, ohne dabei x, y, z zu ändern, so bleibt der Kugelmittelpunkt unverändert, dagegen erfährt der Kugelradius eine Vergrösserung

$$dr = V\,dt;$$

hierbei geht das Oberflächenelement $d\omega$ in $d\omega'$ über. Man kann nun $d\omega$ aus dem Integral entfernen, wenn man dafür den körperlichen Winkel $d\sigma$ einführt, unter welchem das Oberflächenelement, vom Kugelmittelpunkte aus gesehen, erscheint; es ist nämlich

$$d\omega = r^2 d\sigma$$

oder

$$\frac{d\omega}{r} = r\,d\sigma.$$

Somit wird unser Integral

$$\xi = \int F\,(x', y', z')\,r\,d\sigma, \tag{4}$$

und, da r für alle Elemente des Integrals denselben Werth besitzt, kann man auch schreiben

$$\xi = r \int F\,(x', y', z')\,d\sigma.$$

Wenn nun r einen Zuwachs dr erhält, so ist der Zuwachs $d\xi$, welcher hierbei für ξ eintritt,

$$d\xi = dr\int \mathrm{F}\,d\sigma + r\,d\int \mathrm{F}\,d\sigma$$

$$= dr\int \mathrm{F}\,d\sigma + r\,dr\int \frac{\partial \mathrm{F}}{\partial r}\,d\sigma.$$

Bei der Auswerthung des zweiten Integrals bedenken wir, dass der Radius r auf dem Oberflächenintegral $d\omega$ senkrecht steht; somit ist nach dem Green'schen Satze

$$\int \frac{\partial \mathrm{F}}{\partial r}\,d\omega = \int \Delta\,\mathrm{F}\,d\tau,$$

wenn $d\tau$ ein Volumenelement bedeutet, und das Integral auf der rechten Seite über die ganze Kugel erstreckt wird. Führen wir in diese letzte Gleichung den körperlichen Winkel $d\sigma$ ein, welcher $d\omega$ entspricht, so geht sie über in

(5) $$\int \frac{\partial \mathrm{F}}{\partial r}\,d\sigma = \frac{1}{r^2}\int \Delta \mathrm{F}\,d\tau.$$

Wir können somit den oben für $d\xi$ gefundenen Werth folgendermaassen schreiben:

$$d\xi = dr\int \mathrm{F}\,d\sigma + \frac{dr}{r}\int \Delta \mathrm{F}\,d\tau,$$

oder, wenn wir beiderseits mit $dr = \mathrm{V}\,dt$ dividiren,

(6) $$\frac{1}{\mathrm{V}}\cdot\frac{\partial \xi}{\partial t} = \int \mathrm{F}\,d\sigma + \frac{1}{r}\int \Delta \mathrm{F}\,d\tau.$$

Differentiiren wir diese letzte Gleichung nochmals nach r, so erhalten wir

$$\frac{1}{\mathrm{V}^2}\cdot\frac{\partial^2 \xi}{\partial t^2} = \int \frac{\partial \mathrm{F}}{\partial r}\,d\sigma - \frac{1}{r^2}\int \Delta \mathrm{F}\,d\tau + \frac{1}{r}\cdot\frac{\partial}{\partial r}\int \Delta \mathrm{F}\,d\tau,$$

eine Gleichung, die sich unter Berücksichtigung von (5) reducirt auf

(7) $$\frac{1}{\mathrm{V}^2}\cdot\frac{\partial^2 \xi}{\partial t^2} = \frac{1}{r}\cdot\frac{\partial}{\partial r}\int \Delta \mathrm{F}\,d\tau.$$

Die rechte Seite dieser Gleichung ist, bis auf den Faktor $\frac{1}{r\,dr}$, gleich dem Integral $\int \Delta \mathrm{F}\,d\tau$, das über die Volumenelemente einer Kugelschale zwischen den Radien r und $r + dr$ zu erstrecken ist. Wir fassen nun ein Element in's Auge, welches begrenzt ist von den beiden Kugelflächen und von einem Kegelmantel, dessen Spitze in dem gemeinsamen Mittelpunkte der beiden Kugeln liegt und dessen Basis von dem Element $d\omega$ der ersten Kugelfläche gebildet wird. Das Volumen dieses Elements ist, bis auf Grössen von einer höheren Ordnung als der dritten, gleich $d\omega\, dr$; somit wird das vorhergehende Integral

$$\int \Delta \mathrm{F}\, d\omega\, dr\,,$$

oder

$$dr \int \Delta \mathrm{F}\, d\omega\,,$$

wobei die Integration über alle Elemente der Kugel vom Radius r zu erstrecken ist; wir erhalten also an Stelle der Gleichung (7)

$$\frac{1}{\mathrm{V}^2} \cdot \frac{\partial^2 \xi}{\partial t^2} = \frac{1}{r} \int \Delta \mathrm{F}\, d\omega. \tag{8}$$

72. Ersetzen wir in der Bewegungsgleichung (1) $\frac{\partial^2 \xi}{\partial t^2}$ durch den Werth, der sich aus der letzten Gleichung ergibt, und $\Delta \xi$ durch den aus (3) folgenden Werth, so wird dieselbe erfüllt. Somit ist

$$\xi = \int \frac{\mathrm{F}\,(x', y', z')}{r}\, d\omega$$

eine partikuläre Lösung der Bewegungsgleichung; ein allgemeines Integral derselben kann sie noch nicht sein, da sie nur eine einzige willkürliche Funktion enthält.

Wir wollen nun die Anfangswerthe von ξ und $\frac{\partial \xi}{\partial t}$ suchen. Wenn t sich der Null nähert, so ist dies auch für den Radius der Kugel r der Fall, dann aber nähert sich $\mathrm{F}\,(x', y', z')$ dem Werthe von $\mathrm{F}\,(x, y, z)$. Ist nun x', y', z' nur sehr wenig von x, y, z verschieden, so wird der Werth des Integrals

$$\int \mathrm{F}\,(x', y', z')\, d\sigma$$

dem Werthe von

$$\mathrm{F}\,(x, y, z) \int d\sigma = 4\,\pi\, \mathrm{F}\,(x, y, z)$$

sehr nahe kommen. Hieraus folgt, dass der durch den Ausdruck (4) gegebene Werth von ξ nur wenig von

$$r\, 4\pi\, \mathrm{F}\,(x, y, z)$$

abweicht. An der Grenze, für $r = 0$, ist also auch $\xi = 0$; demnach ist auch der Anfangswerth von ξ Null.

Für $\frac{\partial \xi}{\partial t}$ liefert uns die Gleichung (6)

$$\frac{\partial \xi}{\partial t} = \mathrm{V} \int \mathrm{F}\, d\sigma + \frac{\mathrm{V}}{r} \int \varDelta \mathrm{F}\, d\tau.$$

Das zweite Glied auf der rechten Seite kann für ein unendlich kleines r vernachlässigt werden. Da nämlich das Integral auf alle Elemente der Kugel auszudehnen ist, so ist es in diesem Falle unendlich klein von der dritten Ordnung; durch Division mit r bleibt es daher immer noch unendlich klein von der zweiten Ordnung, und somit kann dies Glied gegenüber dem ersten, dessen Grenzwerth $4\pi \mathrm{V} \mathrm{F}$ ist, unberücksichtigt bleiben. Wir erhalten also

$$\left(\frac{\partial \xi}{\partial t}\right)_0 = 4\pi \mathrm{V} \mathrm{F}(x, y, z). \tag{9}$$

Da die Funktion F beliebig ist, so ist auch die anfängliche Geschwindigkeit der Verschiebung willkürlich.

73. Um das allgemeine Integral der Bewegungsgleichung zu finden, müssen wir noch eine zweite partikuläre Lösung suchen, deren Anfangswerth willkürlich ist. Wir wollen nachweisen, dass

$$\xi' = \frac{1}{\mathrm{V}} \cdot \frac{\partial \xi}{\partial t}$$

diesen Bedingungen genügt, und zwar haben wir zunächst zu zeigen, dass diese Grösse ξ' ebenfalls eine Lösung der Bewegungsgleichung darstellt.

Es ist nämlich

$$\frac{\partial^2 \xi'}{\partial t^2} = \frac{1}{\mathrm{V}} \cdot \frac{\partial^3 \xi}{\partial t^3} = \frac{1}{\mathrm{V}} \cdot \frac{\partial}{\partial t}\left(\frac{\partial^2 \xi}{\partial t^2}\right)$$

und

$$\varDelta \xi' = \frac{\partial^2}{\partial x^2}\left(\frac{1}{\mathrm{V}} \cdot \frac{\partial \xi}{\partial t}\right) + \frac{\partial^2}{\partial y^2}\left(\frac{1}{\mathrm{V}} \cdot \frac{\partial \xi}{\partial t}\right) + \frac{\partial^2}{\partial z^2}\left(\frac{1}{\mathrm{V}} \cdot \frac{\partial \xi}{\partial t}\right) = \frac{1}{\mathrm{V}} \cdot \frac{\partial}{\partial t}(\varDelta \xi).$$

Soll also die Bewegungsgleichung befriedigt werden, so muss sein

$$\frac{1}{\mathrm{V}} \cdot \frac{\partial}{\partial t}\left(\frac{\partial^2 \xi}{\partial t^2}\right) = \mathrm{V}^2 \frac{1}{\mathrm{V}} \cdot \frac{\partial}{\partial t}(\varDelta \xi)$$

oder

$$\frac{\partial}{\partial t}\left(\frac{\partial^2 \xi}{\partial t^2}\right) = \mathrm{V}^2 \frac{\partial}{\partial t}(\varDelta \xi).$$

Dies ist aber thatsächlich der Fall, denn man erhält die soeben aufgestellte Gleichung, wenn man die Gleichung (1), welcher ja ξ identisch genügt, nach t differentiirt.

Um den Anfangswerth von ξ' zu finden, braucht man nur zu untersuchen, was aus Gleichung (6) wird, wenn wir $t = 0$ setzen. Nach dem, was wir oben bei der Bestimmung des Anfangswerthes von $\frac{\partial \xi}{\partial t}$ fanden, ist

(10) $$(\xi')_0 = 4\pi F(x, y, z).$$

Da die Funktion F willkürlich ist, können wir somit für den Anfangswerth der Verschiebung einen beliebigen Werth setzen.

Der Anfangswerth von $\frac{\partial \xi'}{\partial t}$ ergibt sich aus der Gleichung (8); es ist nämlich

$$\frac{\partial \xi'}{\partial t} = \frac{1}{V} \cdot \frac{\partial^2 \xi}{\partial t^2} = \frac{V}{r} \int \Delta F \, d\omega;$$

somit ist der Anfangswerth der Geschwindigkeit $\frac{\partial \xi'}{\partial t}$ Null.

74. Die Summe der beiden partikulären Lösungen ξ und ξ', die wir soeben fanden, wird die allgemeinste Lösung der Bewegungsgleichung darstellen. Diese Lösung ist

$$\xi = \int \frac{F(x', y', z')}{r} d\omega + \int F_1(x', y', z') \, d\sigma + \frac{1}{r} \int \Delta F_1 \, d\tau,$$

wenn wir mit F_1 diejenige willkürliche Funktion bezeichnen, welche in der zweiten partikulären Lösung auftritt.

Wir wollen nun den Ausdruck für diese Lösung suchen, wenn für die Verschiebung und Geschwindigkeit bestimmte Anfangswerthe angenommen werden; wir setzen:

$$\xi_0 = \varphi(x, y, z); \quad \left(\frac{\partial \xi}{\partial t}\right)_0 = \psi(x, y, z).$$

Der Anfangswerth des allgemeinen Ausdruckes für ξ reducirt sich auf den Anfangswerth der zweiten partikulären Lösung; somit liefert uns die Gleichung (10)

$$\varphi = 4\pi F_1.$$

Da die Anfangsgeschwindigkeit bei der zweiten partikulären Lösung Null ist, so erhalten wir aus (9)

$$\psi = 4\pi V F.$$

Ersetzt man in dem allgemeinen Ausdrucke für ξ die Funktionen F und F_1 durch ihre aus den beiden letzten Gleichungen abgeleiteten Werthe, so findet man

$$\xi = \int \frac{\psi \, d\omega}{4\pi V r} + \int \frac{\varphi \, d\sigma}{4\pi} + \frac{1}{r} \int \frac{\Delta\varphi \, d\tau}{4\pi}$$

oder

$$\xi = \frac{1}{4\pi} \int \frac{d\omega}{r} \left[\frac{\psi}{V} + \frac{\varphi}{r} + \frac{\partial \varphi}{\partial r} \right]. \tag{11}$$

75. Rechtfertigung des Huyghens'schen Princips. — Der obige Ausdruck zeigt, dass die zur Zeit t eintretende Verschiebung eines Punktes einer Kugel der Radius Vt gleichzeitig von den Werthen der Verschiebung und der Geschwindigkeit abhängt, welche der Kugelmittelpunkt zur Zeit $t = 0$ besass. Hierauf können wir den Nachweis von der Richtigkeit des Huyghens'schen Princips gründen, und zwar sowohl in dem Falle, wo es sich um eine einzelne Welle handelt, als auch dann, wenn eine ganze Reihe periodischer Wellen in Betracht kommen.

Wir nehmen nach dem Vorgange von Huyghens an, dass die Moleküle einer Kugel von unendlich kleinem Radius eine Erschütterung erleiden. Diese Erschütterung wird sich in kugelförmigen Wellen fortpflanzen, und zu einer bestimmten Zeit werden sich die erschütterten Moleküle innerhalb einer Kugelschale S befinden, welche von Kugeloberflächen mit den Radien r_0 und $r_0 + \varepsilon$ begrenzt ist. Die Verschiebung eines Moleküls wird durch die Formel

$$\xi = \frac{F(r - Vt)}{r}$$

gegeben sein, die wir im § 68 bei der Untersuchung der Fortpflanzung sphärischer Wellen fanden. Da eine Bewegung nur innerhalb der Kugelschale vorhanden ist, so muss ξ und somit auch F für jeden Punkt ausserhalb derselben Null sein. Die Funktion F, welche für r_0 und für $r_0 + \varepsilon$ Null ist, weist also für einen bestimmten Werth von r zwischen r_0 und $r_0 + \varepsilon$ ein Maximum oder Minimum auf; demnach hat ihr Differentialquotient nach r nicht für alle Punkte der Schale gleiches Vorzeichen. Nun ist die Geschwindigkeit eines Moleküls gegeben durch

$$\frac{\partial \xi}{\partial t} = -\frac{V}{r} F'(r - Vt),$$

sie muss also für einen Werth von r, welcher zwischen r_0 und $r_0 + \varepsilon$ liegt, ebenfalls ihr Vorzeichen wechseln.

Nach Verlauf der Zeit $t + t'$ wird eine Bewegung nur im Innern einer Kugelschale S' vorhanden sein, welche durch zwei koncentrische Kugelflächen mit den Radien $(r_0 + Vt')$ und $(r_0 + Vt' + \varepsilon)$

begrenzt ist. Wollen wir andrerseits den Werth von ξ zur Zeit $t+t'$ in einem beliebigen Punkte des Raumes haben, so können wir die verschiedenen Moleküle von S als Erschütterungscentren auffassen, und erhalten den Werth von ξ durch die Formel (11) des § 74

$$\xi=\frac{1}{4\pi}\int\frac{d\omega}{r'}\left(\frac{\psi}{V}+\frac{\varphi}{r'}+\frac{\partial\varphi}{\partial r'}\right).$$

Dies Integral ist über sämmtliche Elemente $d\omega$ einer Kugelfläche zu erstrecken, deren Centrum P und deren Radius $r'=Vt'$ ist, oder vielmehr über alle diejenigen Elemente, welche der unendlich dünnen Schicht S angehören; hierbei bezeichnet φ den Werth der Verschiebung des Schwerpunktes von $d\omega$ zur Zeit t und ψ den Werth der Geschwindigkeit desselben Punktes zu derselben Zeit.

Wir haben nun noch zu erklären, wie es kommt, dass der so gefundene Ausdruck ξ immer dann Null ist, wenn der Punkt P nicht der Schicht S′ angehört. Dies ergibt sich daraus, dass die Anfangsgeschwindigkeit ψ, wie wir eben sahen, nicht immer dasselbe Vorzeichen besitzt. Das Integral hat also positive und negative Elemente, und es ist ersichtlich, dass der Werth desselben Null sein kann.

Wir wollen uns mit dem Nachweise begnügen, dass eine thatsächliche Anomalie nicht vorhanden ist; eine ausführliche Rechnung würde den Beweis liefern, dass das Integral in der That für alle Punkte ausserhalb des Raumes S′ Null wird.

Kapitel IV.

Beugung.

76. Gleichungen der Transversalbewegungen bei periodischen Verschiebungen. — Wir wollen annehmen, die Verschiebungskomponenten ξ, η, ζ seien periodische Funktionen der Zeit, dann lässt sich die Komponente ξ in der Form

$$\xi = \mathrm{A} \cos \frac{2\pi \mathrm{V} t}{\lambda} + \mathrm{B} \sin \frac{2\pi \mathrm{V} t}{\lambda}$$

schreiben, wobei A und B nur Funktionen von x, y, z bedeuten. Mit Rücksicht darauf, dass $\cos z$ der reelle Theil der Exponentialfunktion e^{-iz} und $\sin z$ der reelle Theil von $-ie^{-iz}$ ist, kann man ξ als den reellen Theil der Exponentialgrösse

$$(\mathrm{A} - \mathrm{B}i)\, e^{-\frac{2\pi i}{\lambda} \mathrm{V} t}$$

oder

$$\xi_0\, e^{-\frac{2\pi i}{\lambda} \mathrm{V} t}$$

auffassen.

Die Bewegungsgleichungen sind linear in Bezug auf die zweiten Differentialquotienten von ξ, η, ζ; wenn daher eine derartige Exponentialfunktion diesen Gleichungen genügt, so werden auch die reellen und imaginären Theile derselben einzeln genommen die Gleichungen befriedigen. Wir können also, wie bereits in § 51 erwähnt, die Lösungen von der Form

$$\xi = \xi_0 e^{-\frac{2\pi i}{\lambda} \mathrm{V} t}$$

bestimmen und sodann den reellen Theil derselben als Werth für die Verschiebungskomponente betrachten.

Der Einfachheit halber setzen wir

$$\frac{2\pi}{\lambda} = \alpha\,,$$

und schreiben somit

$$\xi = \xi_0 e^{-i\alpha V t}.$$

Der zweite Differentialquotient von ξ nach t ist dann

$$\frac{\partial^2 \xi}{\partial t^2} = -\alpha^2 V^2 \xi_0 e^{-i\alpha V t},$$

denn ξ_0 hängt nicht von t ab, da A und B von t unabhängig sind. Der zweite Differentialquotient von ξ nach x wird

$$\frac{\partial^2 \xi}{\partial x^2} = \frac{\partial^2 \xi_0}{\partial x^2} e^{-i\alpha V t},$$

somit ist

$$\Delta \xi = \Delta \xi_0 e^{-i\alpha V t}.$$

Soll die erste Bewegungsgleichung

$$\frac{\partial^2 \xi}{\partial t^2} = V^2 \Delta \xi$$

erfüllt sein, so muss die Gleichung bestehen:

$$-\alpha^2 V^2 \xi_0 e^{-i\alpha V t} = V^2 \Delta \xi_0 e^{-i\alpha V t}$$

oder

(1) $$\Delta \xi_0 + \alpha^2 \xi_0 = 0.$$

Die beiden anderen Bewegungsgleichungen liefern uns zwei neue Bedingungsgleichungen

(2) $$\Delta \eta_0 + \alpha^2 \eta_0 = 0$$

(3) $$\Delta \zeta_0 + \alpha^2 \zeta_0 = 0$$

Da ausserdem die Bewegungen transversal sind, so muss gelten:

$$\Theta = \frac{\partial \xi}{\partial x} + \frac{\partial \eta}{\partial y} + \frac{\partial \zeta}{\partial z} = 0\,;$$

da aber

$$\frac{\partial \xi}{\partial x} = \frac{\partial \xi_0}{\partial x} e^{-i\alpha V t}; \quad \frac{\partial \eta}{\partial y} = \frac{\partial \eta_0}{\partial y} e^{-i\alpha V t}; \quad \frac{\partial \zeta}{\partial z} = \frac{\partial \zeta_0}{\partial z} e^{-i\alpha V t},$$

so geht diese Gleichung über in

(4) $$\frac{\partial \xi_0}{\partial x} + \frac{\partial \eta_0}{\partial y} + \frac{\partial \zeta_0}{\partial z} = 0.$$

Dies sind die vier Bedingungsgleichungen, welchen die Grössen ξ_0, η_0, ζ_0 genügen müssen, falls die ξ, η, ζ die Gleichungen für die Transversalbewegungen erfüllen sollen.

77. Integration der ersten Bedingungsgleichung. — Für den Fall kugelförmiger Wellen fanden wir (§ 69) als partikuläre Lösung der Gleichung

$$\Delta\xi + \alpha^2\xi = 0$$

den Ausdruck

$$\xi = \frac{e^{i\alpha(r - Vt)}}{r}.$$

Demnach wird

$$\xi_0 = \frac{1}{r}\, e^{i\alpha r}$$

eine partikuläre Lösung für die Bedingungsgleichung (1) sein, wobei r die Entfernung des Punktes x, y, z vom Koordinatenanfang darstellt. Diese Grösse wird aber immer noch eine Lösung der betreffenden Gleichung bilden, wenn r den Abstand des Punktes x, y, z von einem beliebigen festen Punkte bezeichnet, denn die Differentialgleichung behält dieselbe Form bei, wenn man den festen Punkt zum Koordinatenanfang wählt.

Es mögen nun P_1, P_2, $P_3 \ldots . P_n$ eine Anzahl fester Punkte sein, deren Entfernungen vom Punkte M mit den Koordinaten x, y, z durch r_1, r_2, $r_3 \ldots . r_n$ bezeichnet sein sollen; dann wird auch die Summe

$$\xi_0 = m_1 \frac{e^{i\alpha r_1}}{r_1} + m_2 \frac{e^{i\alpha r_2}}{r_2} + m_3 \frac{e^{i\alpha r_3}}{r_3} + \ldots m_n \frac{e^{i\alpha r_n}}{r_n}$$

der Gleichung (1) genügen. Würde man $\alpha = 0$ setzen, so erhielte man eine Summe von Gliedern von der Form $\frac{m_1}{r_1}$, d. h., ξ_0 wäre dann das Potential im Punkte M, der von den Punkten P_1, $P_2 \ldots P_n$ mit den Massen m_1, $m_2 \ldots m_n$ nach dem Newton'schen Gesetze angezogen würde. Diese Analogie wird uns leicht noch mehrere partikuläre Lösungen der Gleichung (1) finden lassen.

Betrachten wir nämlich eine irgendwie im Raume vertheilte anziehende Materie, deren Anziehung jedoch, statt nach dem Newton'schen Gesetze, nach der Funktion

$$\frac{d}{dr}\left(\frac{e^{i\alpha r}}{r}\right)$$

vor sich gehen soll, wobei r den Abstand des angezogenen vom anziehenden Punkte bedeutet, so erkennt man nach dem oben Ausgeführten, dass das Potential einer derartigen Anziehung der Gleichung (1) genügen muss.

78. In der Potentialtheorie betrachtet man nicht nur die Anziehung von getrennten Punkten, sondern auch diejenige von Körpern und Oberflächen.

Nehmen wir an, die Punkte P_1, $P_2 \ldots P_n$ bildeten ein Volumen, so erhalten wir für ξ_0 den Ausdruck

$$\xi_0 = \int \frac{e^{i\alpha r} X \, d\tau}{r}. \tag{5}$$

Hierbei ist das Integral über alle Elemente $d\tau$ des anziehenden Volumens zu erstrecken; X ist eine beliebige Funktion der Koordinaten des Elements $d\tau$ und bedeutet die Dichte der anziehenden Materie.

Dass ξ_0 für jeden ausserhalb des anziehenden Volumens gelegenen Punkt der Gleichung (1) genügen wird, ist klar; die Analogie mit der gewöhnlichen Potentialtheorie genügt jedoch zum Hinweise darauf, dass dies nicht mehr bei einem Punkte der Fall sein wird, welcher zum anziehenden Volumen selbst gehört. Wir wollen zeigen, dass für einen Punkt P dieses Volumens gilt

$$\Delta\xi_0 + \alpha^2\xi_0 + 4\pi X = 0, \tag{6}$$

wobei X den Werth für die Dichte der anziehenden Materie im Punkte P bedeutet. Man erkennt sofort, dass man für $\alpha = 0$ die Poisson'sche Gleichung erhält.

Zum Beweise für die Richtigkeit der Gleichung (6) denken wir uns um den Punkt P als Mittelpunkt eine sehr kleine Kugel s beschrieben und zerlegen somit das anziehende Volumen in zwei Theilvolumina, nämlich die Kugel s und das ausserhalb dieser Kugel gelegene Volumen T. Ferner setzen wir

$$\xi_0 = \xi_1 + \xi_2 + \xi_3,$$

wo

$\xi_1 = \int X \frac{e^{i\alpha r}}{r} d\tau$ (das Integral auszudehnen über das Volumen T)

$\xi_2 = \int \frac{X}{r} d\tau$ (das Integral auszudehnen über s)

$\xi_3 = \int X \left(\frac{e^{i\alpha r} - 1}{r} \right) d\tau$ (das Integral auszudehnen über s).

Da der Punkt P ausserhalb des Volumens T liegt, so hat man

$$\Delta\xi_1 + \alpha^2\xi_1 = 0.$$

Ausserdem liefert uns die Gleichung von Poisson

$$\Delta\xi_2 + 4\pi X = 0.$$

Da nun aber der Radius der Kugel s unendlich klein ist, so hat man bis auf unendlich kleine Grössen

$$\xi_2 = \xi_3 = 0; \qquad \xi_1 = \xi_0.$$

Andererseits zeigt uns die Betrachtung des Integrals, welches die Funktion ξ_3 definirt, dass die unter dem Integralzeichen stehende Funktion für $r = 0$ nicht unendlich wird; wir können daraus schliessen, dass $\Delta\xi_3$ von derselben Grössenordnung sein wird, wie die Kugel s; es ist also

$$\Delta\xi_3 = 0; \qquad \Delta\xi_0 = \Delta\xi_1 + \Delta\xi_2,$$

folglich

$$\Delta\xi_0 + \alpha^2\xi_0 + 4\pi X = 0.$$

79. Wir fassen nun eine anziehende Fläche in's Auge. Das Potential der Anziehung dieser Fläche wird dargestellt durch

$$\xi_0 = \int X \frac{e^{i\alpha r}}{r} d\omega, \tag{7}$$

wobei das Integral über alle Elemente $d\omega$ der anziehenden Fläche auszudehnen ist; X bedeutet irgend eine Funktion der Koordinaten des Elements $d\omega$, und r die Entfernung dieses Elements vom angezogenen Punkte x, y, z.

Auch werden wir hier eine vollständige Analogie mit der Newton'schen Potentialtheorie finden; setzen wir nämlich

$$\xi_0 = \xi_1 + \xi_2;$$

$$\xi_1 = \int \frac{X}{r} d\omega; \qquad \xi_2 = \int X \frac{e^{i\alpha r} - 1}{r} d\omega,$$

so ist das erste Integral ein gewöhnliches Potential, das zweite hat die Eigenschaft, dass die Funktion unter dem Integralzeichen niemals unendlich wird; diese ist also, ebenso wie ihre sämmtlichen Differentialquotienten, eine stetige Funktion.

Nach der Theorie des Newton'schen Potentials ist auch ξ_1 eine stetige Funktion, somit gilt dies ebenfalls für ξ_0, nicht aber für seine Differentialquotienten.

Es sind nämlich $\frac{\partial\xi_0}{\partial x}$, $\frac{\partial\xi_0}{\partial y}$, $\frac{\partial\xi_0}{\partial z}$ die Komponenten der Anziehung nach den drei Koordinatenaxen; weiter bezeichnen wir, wie gebräuchlich, mit $\frac{\partial \xi_0}{\partial n}$ die Projektion der anziehenden Kraft auf die zum Element $d\omega$ gehörige Normale; somit wird

$$\frac{\partial \xi_0}{\partial n} = l \frac{\partial \xi_0}{\partial x} + m \frac{\partial \xi_0}{\partial y} + n \frac{\partial \xi_0}{\partial z},$$

wobei unter l, m, n die Richtungscosinus dieser Normale zu verstehen sind.

Nun wissen wir aber, dass $\frac{\partial \xi_1}{\partial n}$ eine diskontinuirliche Funktion ist, denn für zwei unendlich nahe Punkte diesseits und jenseits des Elements $d\omega$ unterscheiden sich die Werthe dieser Funktion um $4\pi X$. Somit wird, wenngleich $\frac{\partial \xi_2}{\partial n}$ stetig ist, $\frac{\partial \xi_0}{\partial n} = \frac{\partial \xi_1}{\partial n} + \frac{\partial \xi_2}{\partial n}$ unstetig sein und einen plötzlichen Sprung von $4\pi X$ erleiden, wenn man durch die anziehende Fläche hindurchgeht.

80. Es bleibt uns noch übrig, auf den soeben betrachteten Fall die Theorie von der anziehenden Doppelschicht anzuwenden, welche beim Newton'schen Potential eine so grosse Rolle spielt.

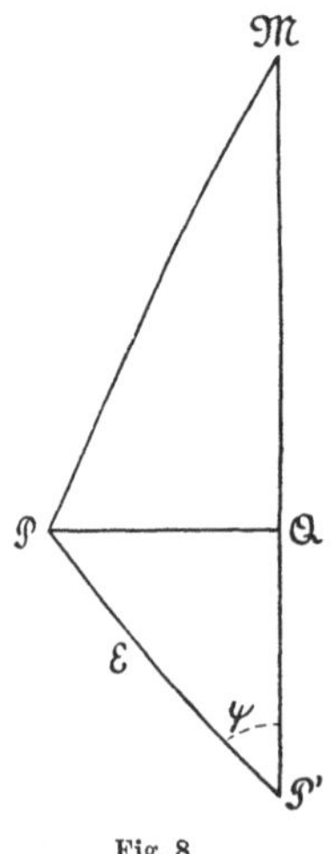

Fig. 8.

Wir betrachten zwei unendlich nahe Flächen, welche so angeordnet sind, dass ihre Normalen zusammenfallen und dass ihre Entfernung von einander in Richtung der gemeinschaftlichen Normalen immer dieselbe bleibt. Auf diesen beiden Oberflächen möge nun anziehende Materie ausgebreitet sein, und zwar derart, dass die Dichte derselben auf zwei entsprechenden Elementen der beiden Flächen immer die gleiche Grösse, aber das entgegengesetzte Vorzeichen besitzt.

Das Potential der Anziehung einer derartigen Doppelschicht wird uns neue partikuläre Lösungen der Gleichung (1) liefern.

Bezeichnen wir mit ε den Abstand der beiden Schichten, mit X_1 und $-X_1$ die Dichten in den Schwerpunkten P und P′ (Fig. 8) zweier entsprechenden Elemente $d\omega$, und setzen

$$F(r) = \frac{e^{i\alpha r}}{r},$$

dann erhalten wir für das Potential der Anziehung dieser beiden Elemente auf einen ausserhalb der Schichten gelegenen Punkt M, dessen Entfernung von einem dieser Oberflächenelemente r sein möge

$$X_1\,d\omega\,F(r) - X_1\,d\omega\,F(r + dr) = -X_1\,d\omega\,dr\,F'(r). \tag{8}$$

Um den Werth von dr zu finden, fällen wir vom Schwerpunkte P des einen Elements eine Senkrechte PQ auf die Gerade MP'; dann wird, bis auf unendlich kleine Grössen zweiter Ordnung, $P'Q = dr$ sein, somit ist

$$dr = \varepsilon \cos \psi,$$

wenn wir mit ψ den Winkel zwischen der Geraden MP' und der gemeinschaftlichen Normalen PP' bezeichnen. Durch Einführung dieses Werthes in (8) erhalten wir für das gesammte Potential

$$\xi_0 = -\int X_1\,\varepsilon\,d\omega \cos \psi\,F'(r). \tag{9}$$

Da nun die Funktion X beliebig ist, so können wir, unbeschadet der Allgemeinheit der partikulären Lösung (9), an Stelle von $-\varepsilon X_1$ eine einzige Funktion von x, y, z setzen, etwa X_2. In Folge der Bedeutung von $F(r)$ ist ferner

$$F'(r) = \frac{e^{i\alpha r}}{r}\left(i\alpha - \frac{1}{r}\right);$$

somit lässt sich der Ausdruck (9) für ξ_0 schreiben

$$\xi_0 = \int X_2 \frac{e^{i\alpha r}}{r}\left(i\alpha - \frac{1}{r}\right)\cos\psi\,d\omega. \tag{10}$$

Weiter setzen wir

$$\xi_0 = \xi_1 + \xi_2,$$

$$\xi_1 = -\int \frac{X_2 \cos\psi}{r^2}\,d\omega,$$

$$\xi_2 = \int X_2 \cos\psi \left[\frac{i\alpha e^{i\alpha r}}{r} - \frac{e^{i\alpha r}}{r^2} + \frac{1}{r^2}\right] d\omega.$$

Offenbar stellt ξ_1 das Newton'sche Potential einer Doppelschicht dar. Das zweite Integral ξ_2 ist, da die Funktion unter dem Integralzeichen nicht unendlich wird, stetig, ebenso alle seine Differentialquotienten.

Die Theorie des Newton'schen Potentials lehrt nun, dass $\frac{\partial \xi_1}{\partial n}$ stetig ist, nicht aber ξ_1; somit wird auch $\frac{\partial \xi_0}{\partial n}$ stetig sein, während ξ_0 eine unstetige Funktion ist, welche beim Durchgange durch die anziehende Schicht einen plötzlichen Sprung von der Grösse $4\pi X_2$ erleidet.

81. Die Kombination der Integrale (7) und (10) liefert uns die allgemeinste Lösung der Gleichung (1).

Bedeuten nämlich X_1 und X_2 zwei beliebige Funktionen der Koordinaten eines beliebigen Oberflächenelements $d\omega$, r die Länge der Verbindungslinie zwischen dem Element $d\omega$ und dem Punkte x, y, z, und ψ den Winkel zwischen dieser Geraden und der Normalen des Elements $d\omega$, so wird der Ausdruck

$$\xi_0 = \int X_1 \frac{e^{i\alpha r}}{r} d\omega + \int X_2 \cos\psi \frac{e^{i\alpha r}}{r} \left(i\alpha - \frac{1}{r}\right) d\omega \tag{11}$$

der Gleichung (1) genügen. Es ist nun noch der Nachweis zu führen, dass derselbe dem allgemeinen Integrale entspricht.

Wir bezeichnen mit U eine Funktion, welche ebenso wie ihre sämmtlichen Differentialquotienten endlich und stetig ist, und ausserhalb einer gewissen Fläche S der Gleichung (1) genügt.

Ferner möge V das Potential eines bestimmten anziehenden Volumens bedeuten, von dem sich ein Theil ausserhalb der Fläche S befinden kann. Dann gilt für einen Punkt ausserhalb des anziehenden Volumens

$$\Delta V + \alpha^2 V = 0, \tag{12}$$

und für einen zu diesem Volumen gehörigen Punkt

$$\Delta V + \alpha^2 V + 4\pi\varrho = 0, \tag{13}$$

wenn ϱ die Dichte der anziehenden Materie bezeichnet.

Nun liefert uns der Green'sche Satz die Beziehung

$$\int \left(U \frac{\partial V}{\partial n} - V \frac{\partial U}{\partial n}\right) d\omega = \int (U \Delta V - V \Delta U)\, d\tau; \tag{14}$$

hierbei ist das erste Integral auf alle Elemente $d\omega$ der Oberfläche S zu erstrecken, das zweite auf alle Volumenelemente $d\tau$ des Raumes ausserhalb dieser Oberfläche. Bei der Bestimmung der Differentialquotienten $\frac{\partial U}{\partial n}$ und $\frac{\partial V}{\partial n}$ hat man sich die Normale des Elements $d\omega$ als gegen das Innere der Oberfläche S gerichtet zu denken.

Da nun U der Gleichung (1) und V den Gleichungen (12) und (13) genügt, so reducirt sich das Integral auf der rechten Seite von (14) auf

$$-4\pi\int U\varrho\, d\tau;$$

hierbei ist die Integration auf das anziehende Volumen zu erstrecken, von welchem das Potential V herrührt, oder vielmehr auf denjenigen Theil dieses Volumens, der ausserhalb S liegt.

Wir wollen nun annehmen, dass das anziehende Volumen, von welchem V herrührt, sich auf eine Kugel mit sehr kleinem Radius reducirt, welche um den Punkt x_0, y_0, z_0 beschrieben ist, und dass die Dichtigkeit ϱ so gross sei, dass die gesammte anziehende Masse $=1$ wird. Bezeichnet man dann den Abstand eines zu S gehörigen Elements $d\omega$ vom Punkte x_0, y_0, z_0 mit r_0, dann ist der Werth von V im Schwerpunkte dieses Elements

$$\frac{e^{i\alpha r_0}}{r_0},$$

und derjenige von $\frac{\partial V}{\partial n}$

$$+\cos\psi\frac{e^{i\alpha r_0}}{r_0}\left(i\alpha-\frac{1}{r_0}\right);$$

hierbei bedeutet ψ immer den Winkel zwischen der nach Aussen gerichteten Normale des Elements $d\omega$ mit der Geraden, welche dieses Element mit dem Punkte x_0, y_0, z_0 verbindet.

Das Integral $\int U\varrho\, d\tau$ wird sich auf U_0 reduciren (wobei U_0 den Werth von U im Punkte x_0, y_0, z_0 darstellt), wenn der Punkt ausserhalb S liegt; im entgegengesetzten Falle ist das Integral Null, denn dasselbe erstreckt sich nur auf den ausserhalb von S liegenden Theil des Volumens; wenn aber der Punkt x_0, y_0, z_0 innerhalb von S liegt, so liegt auch das gesammte anziehende Volumen innerhalb von S. Wir haben somit

$$-4\pi U_0=\int\left(U\frac{\partial V}{\partial n}-V\frac{\partial U}{\partial n}\right)d\omega.$$

Lassen wir nun die Indices weg und nennen x, y, z den Punkt, den wir bisher mit x_0, y_0, z_0 bezeichnet hatten, r seine Entfernung vom Element $d\omega$ und U den Werth der Funktion U in diesem Punkte, dann erhalten wir

$$U=-\int\frac{U}{4\pi}\cdot\frac{e^{i\alpha r}}{r}\left(i\alpha-\frac{1}{r}\right)\cos\psi\, d\omega+\int\frac{\partial U}{\partial n}\cdot\frac{e^{i\alpha r}}{4\pi r}d\omega. \tag{15}$$

Wir sehen also, dass die **beliebige** Funktion U, welche nur der Gleichung (1) zu genügen hat, in den Ausdruck (11) übergeht, wenn man für die willkürliche Funktion X_1 den Werth $\frac{1}{4\pi} \cdot \frac{\partial U}{\partial n}$ auf dem Element $d\omega$ und für die willkürliche Funktion X_2 den Werth $-\frac{U}{4\pi}$ auf demselben Elemente wählt.

82. Die Gleichung (15) ist richtig, wenn der Punkt x, y, z ausserhalb von S liegt, anderenfalls reducirt sich die rechte Seite dieser Gleichung (15) auf Null, denn, wie wir eben sahen, wird das Integral $\int U \varrho \, d\tau$ Null, wenn der Punkt x_0, y_0, z_0 innerhalb S liegt.

Wenn im Ausdruck (11) die willkürlichen Funktionen X_1 und X_2 beliebig sind, so wird derselbe ausserhalb von S immer eine Funktion U darstellen, welche der Gleichung (1) genügt; es wird jedoch im Allgemeinen U sich nicht auf $-4\pi X_2$ und $\frac{\partial U}{\partial n}$ auf $4\pi X_1$ reduciren, wenn der Punkt x, y, z einem Elemente $d\omega$ von S unendlich nahe kommt. Soll dies der Fall sein, dann muss, wie wir sahen, der Ausdruck (11) immer Null sein, wenn der Punkt x, y, z innerhalb von S liegt.

Diese Bedingung ist hinreichend. Wenn sie nämlich für einen unendlich nahe an S, aber innerhalb dieser Oberfläche gelegenen Punkt erfüllt ist, dann werden die Werthe von (11) ebenso wie ihre Differentialquotienten Null sein. Fassen wir nun einen diesem ersten unendlich nahe liegenden Punkt in's Auge, der sich aber ausserhalb von S befinden möge, so müssen nach dem, was wir früher über die Unstetigkeit des Potentials einer einfachen oder einer Doppelschicht sagten, die Werthe von U und von $\frac{\partial U}{\partial n}$ in diesen beiden benachbarten Punkten um die Grössen $4\pi X_1$ resp. $-4\pi X_2$ von einander verschieden sein. Nun gilt aber für den ersten Punkt

$$U = \frac{\partial U}{\partial n} = 0,$$

somit erhalten wir für den zweiten Punkt

$$U = -4\pi X_2; \qquad \frac{\partial U}{\partial n} = 4\pi X_1.$$

83. Gleichungen für die Beugungserscheinungen. — Es möge O eine Lichtquelle bedeuten, die wir uns auf einen Punkt reducirt denken, dessen Verschiebungen periodische Funktionen der Zeit sind. Dieser Punkt wird zum Centrum einer Reihe von Kugelwellen werden, von denen jeder Punkt eine periodische Bewegung besitzt. Die Verschiebungskomponenten eines dieser Punkte sind gegeben durch die reellen Theile von Ausdrücken der Form:

$$(1)\qquad \begin{aligned} \xi &= \xi_1\, e^{-i\alpha Vt} \\ \eta &= \eta_1\, e^{-i\alpha Vt} \\ \zeta &= \zeta_1\, e^{-i\alpha Vt}, \end{aligned}$$

wobei ξ_1, η_1, ζ_1 den Differentialgleichungen genügen:

$$(2)\qquad \begin{aligned} \Delta\xi_1 + \alpha^2\,\xi_1 &= 0 \\ \Delta\eta_1 + \alpha^2\,\eta_1 &= 0 \\ \Delta\zeta_1 + \alpha^2\,\zeta_1 &= 0 \end{aligned}$$

$$\Theta_1 = \frac{\partial\xi_1}{\partial x} + \frac{\partial\eta_1}{\partial y} + \frac{\partial\zeta_1}{\partial z} = 0.$$

Aus der Thatsache, dass wir es mit Kugelwellen zu thun haben, folgt zwar nicht, dass ξ_1, η_1, ζ_1 Funktionen von r allein sind — denn dies würde sich nicht mit der Bedingung vereinigen lassen, dass die Schwingungen transversal sind —, wohl aber, dass sich diese Grössen viel langsamer ändern, wenn man sich längs der Oberfläche einer Kugel S mit dem Mittelpunkte O bewegt, als wenn man in einer dazu senkrechten Richtung fortschreitet. Wir können somit setzen:

$$\xi_1 = \xi_2 e^{i\alpha r}; \qquad \eta_1 = \eta_2 e^{i\alpha r}; \qquad \zeta_1 = \zeta_2 e^{i\alpha r},$$

wobei ξ_2, η_2, ζ_2 sich viel langsamer ändern, als der Faktor $e^{i\alpha r}$. Der Differentialquotient von $e^{i\alpha r}$ ist nämlich $i\alpha e^{i\alpha r}$, und da $\alpha = \frac{2\pi}{\lambda}$ sehr gross ist, so wird auch der Differentialquotient selbst sehr gross sein. Im Gegensatze dazu nehmen wir an, dass die Differentialquotienten von ξ_2, η_2, ζ_2 endliche Grössen sind.

Wenn wir mit l, m, n die Richtungskosinus der Normalen zur Kugel S bezeichnen, so ist

$$\frac{\partial\xi_1}{\partial n} = l\frac{\partial\xi_1}{\partial x} + m\frac{\partial\xi_1}{\partial y} + n\frac{\partial\xi_1}{\partial z},$$

und ferner

$$\frac{\partial\xi_1}{\partial n} = \frac{\partial\xi_1}{\partial r} = i\alpha\,\xi_2 e^{i\alpha r} + \frac{\partial\xi_2}{\partial r} e^{i\alpha r}.$$

Das zweite Glied ist verhältnissmässig gering gegenüber dem ersten Gliede, welches α enthält und daher sehr gross ist; wir können somit als angenäherten Werth setzen

$$\frac{\partial \xi_1}{\partial n} = i\alpha\xi_1,$$

und entsprechend

$$\frac{\partial \eta_1}{\partial n} = i\alpha\eta_1; \qquad \frac{\partial \zeta_1}{\partial n} = i\alpha\zeta_1.$$

Wir nehmen nun an, ein Theil der Kugeloberfläche S, in deren Mittelpunkt der leuchtende Punkt sich befindet, sei von einem Schirme bedeckt; dann wird die Intensität des Lichtes an einem Punkte innerhalb der Kugel sehr nahezu die gleiche sein, als wenn der Schirm nicht vorhanden wäre; dasselbe wird für die Punkte der Kugel ausserhalb des Schirmes gelten. Für die Punkte des Schirmes selbst muss dagegen die Intensität nahezu Null sein.

84. Wir wollen nun die Bedingungen aufstellen, welche zu erfüllen sind.

Ausserhalb der Kugel werden die drei Verschiebungskomponenten durch die reellen Theile der Exponentialgrössen

$$\xi_0 e^{-i\alpha V t}; \quad \eta_0 e^{-i\alpha V t}; \quad \zeta_0 e^{-i\alpha V t}$$

gegeben sein, wobei die Funktionen ξ_0, η_0, ζ_0 folgenden vier Bedingungen genügen müssen.

A. Ausserhalb von S muss sein

$$\Delta\xi_0 + \alpha^2\xi_0 = \Delta\eta_0 + \alpha^2\eta_0 = \Delta\zeta_0 + \alpha^2\zeta_0 = 0.$$

B. An allen Punkten von S, welche dem Schirm nicht angehören, muss nahezu gelten

$$\xi_0 = \xi_1 \qquad \frac{\partial \xi_0}{\partial n} = \frac{\partial \xi_1}{\partial n} = i\alpha\xi_1$$

$$\eta_0 = \eta_1 \qquad \frac{\partial \eta_0}{\partial n} = \frac{\partial \eta_1}{\partial n} = i\alpha\eta_1$$

$$\zeta_0 = \zeta_1 \qquad \frac{d\zeta_0}{\partial n} = \frac{\partial \zeta_1}{\partial n} = i\alpha\zeta_1.$$

C. An allen Punkten des Schirmes muss nahezu sein

$$\xi_0 = \eta_0 = \zeta_0 = \frac{\partial \xi_0}{\partial n} = \frac{\partial \eta_0}{\partial n} = \frac{\partial \zeta_0}{\partial n} = 0.$$

D. Die Bedingung für die transversale Richtung der Schwingungen

$$\Theta_0 = \frac{\partial \xi_0}{\partial x} + \frac{\partial \eta_0}{\partial y} + \frac{\partial \zeta_0}{\partial z} = 0$$

muss erfüllt sein.

Den Bedingungen B und C streng zu genügen, ist unmöglich; dieselben sind nur sehr annähernd zu erfüllen, d. h. ungefähr bis auf Grössen von der Ordnung der Wellenlänge λ.

Nun sahen wir bereits früher: Wenn eine Funktion ξ_0 der Gleichung $\Delta \xi_0 + a^2 \xi_0 = 0$ ausserhalb einer Oberfläche S genügt, wenn sie sich ferner an den verschiedenen Punkten der Oberfläche auf $-4\pi X_2$ reducirt, während $\frac{\partial \xi_0}{\partial n}$ den Werth $4\pi X_1$ erhält, so ist ausserhalb von S

$$(3) \qquad \xi_0 = \int X_2 \frac{e^{i\alpha r}}{r} \left(i\alpha - \frac{1}{r} \right) \cos \psi \, d\omega + \int X_1 \frac{e^{i\alpha r}}{r} \, d\omega,$$

während im Inneren von S die rechte Seite von (3) Null wird.

In unserem Falle ist die betreffende Oberfläche S eine Kugel mit dem Mittelpunkte O; ξ_0 und $\frac{\partial \xi_0}{\partial n}$ sind sehr nahe gleich Null für die Punkte des Schirmes; für die Punkte ausserhalb des Schirmes ist ξ_0 ungefähr gleich ξ_1 und $\frac{\partial \xi_0}{\partial n}$ ungefähr gleich $i\alpha\xi_1$, wenn man annimmt, dass die Normale zu S nach Aussen gerichtet ist, dagegen gleich $-i\alpha\xi_1$, wenn man die Normale nach Innen gerichtet annimmt, wie man es bei der Anwendung der Formel (15) in § 81 zu thun hat.

Setzen wir also

$$X_1 = i\alpha X_2 = 0$$

für die Punkte des Schirmes von S, und

$$X_1 = i\alpha X_2 = -\frac{i\alpha\xi_1}{4\pi}$$

für die Punkte ausserhalb des Schirmes, so wird sich die rechte Seite von (3) ausserhalb von S nur sehr wenig von ξ_0 und innerhalb von S nur sehr wenig von Null unterscheiden.

Wir gelangen also zu folgendem Schlusse:

Gibt es Funktionen ξ_0, η_0, ζ_0, welche den Bedingungen A, B, C, D annähernd genügen, so werden diese Funktionen sehr annähernd dargestellt durch die Integrale

$$\xi_0 = \int X_2 \, d\omega \frac{e^{i\alpha r}}{r} \left(i\alpha + i\alpha \cos\psi - \frac{\cos\psi}{r} \right)$$

$$(4) \qquad \eta_0 = \int Y_2 \, d\omega \frac{e^{i\alpha r}}{r} \left(i\alpha + i\alpha \cos\psi - \frac{\cos\psi}{r} \right)$$

$$\zeta_0 = \int Z_2 \, d\omega \frac{e^{i\alpha r}}{r} \left(i\alpha + i\alpha \cos\psi - \frac{\cos\psi}{r} \right)$$

welche auf alle Elemente $d\omega$ der Kugel S zu erstrecken sind. In diesen Formeln ist

$$X_2 = Y_2 = Z_2 = 0,$$

wenn das Element $d\omega$ zum Schirme gehört, während

$$X_2 = -\frac{\xi_1}{4\pi}; \quad Y_2 = -\frac{\eta_1}{4\pi}; \quad Z_2 = -\frac{\zeta_1}{4\pi},$$

wenn das Element ausserhalb des Schirmes liegt.

85. Wir haben nun noch nachzuweisen, dass die Ausdrücke (4) in der That sehr nahezu den Bedingungen A, B, C, D genügen.

1. Die Bedingung A ist nach dem, was wir in § 82 sagten, sicher erfüllt.

2. Wie wir in demselben Paragraphen sahen, würden die Bedingungen B und C strenge erfüllt sein, wenn die Integrale (4) im Innern von S genau Null wären; sie sind also nahezu erfüllt, wenn diese Integrale im Innern von S nahezu Null sind. Zum Nachweise dafür müssen wir eine Methode angeben, welche die angenäherte Berechnung dieser Integrale gestattet; dies wollen wir im nächsten Paragraphen thun.

Sodann werden wir nachweisen, dass, wenn ξ_0, η_0, ζ_0 durch die Formeln (4) definirt sind, sehr nahezu gilt

$$\Theta_0 = \frac{\partial \xi_0}{\partial x} + \frac{\partial \eta_0}{\partial y} + \frac{\partial \zeta_0}{\partial z} = 0.$$

Bei dieser Gelegenheit wollen wir bemerken, dass die Integrale (4) innerhalb und ausserhalb von S zwei verschiedene Funktionen darstellen, von denen nicht die eine die analytische Fortsetzung der anderen bildet. Dies rührt von der Unstetigkeit des Potentials einer einfachen und einer Doppelschicht her. So stellen auch die Fresnel'schen Integrale, welche die optischen Erscheinungen ausserhalb der Kugel S erklären, nicht die Erscheinungen dar, welche im Innern dieser Kugel auftreten. Hierin liegt die Erklärung der von Poisson angedeuteten Anomalien.

86. Berechnung der Integrale (4). — Wir wollen nun annäherungsweise das erste Integral (4) bestimmen, das wir schreiben können

$$\xi_0 = \int X \frac{e^{i\alpha r}}{r} d\omega, \tag{5}$$

indem wir zur Abkürzung setzen

$$X = X_2 \left[i\alpha (1 + \cos\psi) - \frac{\cos\psi}{r} \right]. \tag{6}$$

Zu diesem Zwecke führen wir Polarkoordinaten ein. Es möge S (Fig. 9) die Kugel bezeichnen, von welcher ein Theil durch einen Schirm bedeckt ist, und P den beleuchteten Punkt x, y, z; dann

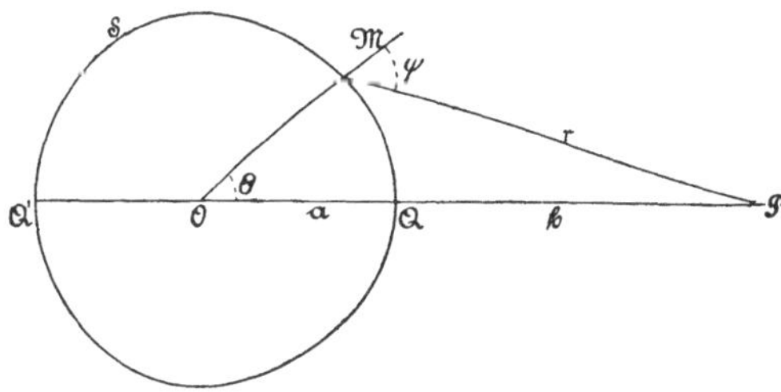

Fig. 9.

wird die Lage eines Punktes in dem neuen Koordinatensystem bestimmt sein durch den Winkel φ, welchen die durch den betreffenden Punkt und die Gerade OP gehende Ebene mit einer durch OP gelegten festen Ebene einschliesst, ferner durch den Winkel Θ zwischen der Geraden OP und derjenigen Geraden, welche den betreffenden Punkt mit O verbindet, und endlich durch den von O ausgehenden Radiusvektor R. Der Ausdruck für ein Oberflächenelement der Kugel S vom Radius a wird in diesem neuen Koordinatensystem

$$d\omega = a^2 \sin\Theta d\Theta d\varphi.$$

Dieser Ausdruck lässt sich noch etwas umformen. Bezeichnet man mit b den Abstand QP des Punktes P von der Kugel, so ist in dem Dreieck MOP

$$r^2 = (a + b)^2 + a^2 - 2a(a + b)\cos\Theta.$$

Durch Differentiation erhalten wir

$$r dr = a(a + b) \sin\Theta d\Theta.$$

Führt man den für $\sin\Theta\, d\Theta$ aus diesem Ausdrucke folgenden Werth in den Ausdruck für $d\omega$ ein, so folgt

$$d\omega = \frac{a^2 r dr}{a(a+b)} d\varphi = \frac{a}{a+b} r dr d\varphi.$$

Diesen Werth verwenden wir beim Integral (5), und erhalten

$$\xi_0 = \frac{a}{a+b} \int\int X\, e^{i\alpha r} dr d\varphi, \tag{7}$$

wobei die Integration nach r zwischen den Grenzen b und $(2a+b)$, nach φ zwischen den Grenzen 0 und 2π auszuführen ist.

Wenn wir auch die Integration nur auf den vom Schirm nicht eingenommenen Theil der Kugel erstrecken, so ändert das nichts an der Sache, denn auf dem Schirm ist die Funktion X Null; wir haben aber so den Vortheil, dass in dem ganzen Integrationsgebiete die Funktion X stetig und deren Differentialquotienten endlich sind, und dies ist für unsere folgenden Rechnungen nothwendig. Unter diesen Bedingungen werden die Integrationsgrenzen für r nicht nothwendig b und $2a+b$ zu sein brauchen; wir wollen sie r_1 und r_2 nennen.

Führen wir zunächst die Integration nach r aus und integriren partiell, so erhalten wir

$$\int X\, e^{i\alpha r} dr = \left[\frac{X e^{i\alpha r}}{i\alpha}\right]_{r_1}^{r_2} - \frac{1}{i\alpha}\int \frac{\partial X}{\partial r} e^{i\alpha r} dr,$$

und durch erneute partielle Integration

$$\int X\, e^{i\alpha r} dr = \left[\frac{X e^{i\alpha r}}{i\alpha}\right]_{r_1}^{r_2} + \frac{1}{\alpha^2}\left[\frac{\partial X}{\partial r} e^{i\alpha r}\right]_{r_1}^{r_2} - \frac{1}{\alpha^2}\int \frac{\partial^2 X}{\partial r^2} e^{i\alpha r} dr.$$

Da nun α sehr gross ist, so können wir im Allgemeinen bei der Annäherungsrechnung die Glieder auf der rechten Seite vernachlässigen, welche als Faktor eine höhere als die erste Potenz von α im Nenner enthalten; wir haben also

$$\int X\, e^{i\alpha r} dr = \left[\frac{X e^{i\alpha r}}{i\alpha}\right]_{r_1}^{r_2},$$

und der durch das Integral (7) gegebene Werth von ξ_0 wird angenähert

$$(8) \qquad \xi_0 = \frac{a}{a+b} \int_0^{2\pi} \left[\frac{X\, e^{i\alpha r}}{i\alpha} \right]_{r_1}^{r_2} d\varphi .$$

87. In Fig. 9 befindet sich der Punkt P ausserhalb der Kugel S; hätten wir jedoch den Punkt P innerhalb der Kugel S angenommen, so würden wir offenbar zu demselben Ausdrucke für ξ_0 gelangt sein, nur hätten wir in diesem Falle den Abstand b des Punktes von der Kugel negativ nehmen müssen.

Wir wollen nun mit Hülfe des Ausdruckes (8) zeigen, dass der Werth von ξ_0 für einen innerhalb der Kugel gelegenen Werth Null ist. Zu diesem Zwecke untersuchen wir die Bedeutung der oberen und unteren Grenze r_1 und r_2. Hierbei können mehrere Fälle eintreten, von denen wir nur drei in's Auge fassen wollen.

1. Es ist kein Schirm vorhanden; dann ist

$$r_1 = b; \qquad r_2 = 2a + b,$$

wenn der Punkt P ausserhalb der Kugel liegt, und

$$r_1 = b, \qquad r_2 = 2a - b$$

für einen Punkt innerhalb der Kugel.

2. Es ist ein Schirm vorhanden; der Pol des Punktes P, der Punkt Q, liegt nicht auf dem Schirme, wohl aber gehört der diametral entgegengesetzte Punkt dem Schirme an. In diesem Falle ist $r_1 = b$, und die obere Grenze r_2, welche im Allgemeinen eine Funktion von φ ist, wird durch den Werth von r dargestellt, welcher dem Rande des Schirmes entspricht.

3. Es ist ein Schirm vorhanden; der Punkt Q gehört dem Schirme an, während der diametral entgegengesetzte Punkt nicht auf demselben liegt.

Dann ist $r_2 = 2a \pm b$ und r_1 ist derjenige Werth von r, welcher dem Rande des Schirms entspricht.

Wir bezeichnen nun mit J das Integral

$$\int_0^{2\pi} \frac{X e^{i\alpha r}}{i\alpha}\, d\varphi ,$$

welches längs des Schirmrandes zu nehmen ist; X' und X'' mögen die Werthe von $\frac{X e^{i\alpha r}}{i\alpha}$ im Punkte Q und in dem diametral entgegengesetzten Punkte bedeuten; dann haben wir im ersten Falle $\xi_0 = \frac{a}{a+b}(2\pi X'' - 2\pi X')$

- zweiten - $\xi_0 = \frac{a}{a+b}(J - 2\pi X')$

- dritten - $\xi_0 = \frac{a}{a+b}(2\pi X'' - J)$.

Wir werden weiterhin sehen, dass J im Allgemeinen vernachlässigt werden kann.

Zunächst haben wir X' und X'' zu bestimmen. Es ist

$$X = X_2\left(ia + ia\cos\psi - \frac{\cos\psi}{r}\right);$$

da a sehr gross ist, kann das Glied $\frac{\cos\psi}{r}$ gegenüber ia unberücksichtigt bleiben; somit wird

$$X = iaX_2(1+\cos\psi) = -\frac{ia\xi_1}{4\pi}(1+\cos\psi),$$

da ausserhalb des Schirmes $X_2 = -\frac{\xi_1}{4\pi}$ ist.

Im Punkte Q erhalten wir

wenn der Punkt P ausserhalb von S liegt: $\psi = 0$; $X' = -\frac{\xi_1 e^{iab}}{2\pi}$

- - - - innerhalb - - - $\psi = \pi$; $X' = 0$.

Für den diametral entgegengesetzten Punkt ist in allen Fällen $\psi = \pi$ und $X'' = 0$, demnach wird, wenn der Punkt P innerhalb von S liegt, das Integral (8) im Allgemeinen zu vernachlässigen sein.

88. Wenn der Punkt P ausserhalb von S liegt, so erhält man in den drei oben betrachteten Fällen folgende Werthe:

Im ersten Falle $\xi_0 = \xi_1 e^{iab}\frac{a}{a+b}$,

- zweiten - $\xi_0 = \xi_1 e^{iab}\frac{a}{a+b}$,

- dritten - $\xi_0 = 0$.

Wenn also der Punkt Q nicht dem Schirm angehört, d. h., wenn P nicht im geometrischen Schatten liegt, so ist die Intensität dieselbe, als wenn kein Schirm vorhanden wäre. Liegt dagegen P im geometrischen Schatten, so ist die Intensität Null. Mit anderen Worten, die Erscheinungen sind dieselben wie bei der geometrischen

Schattentheorie. Es werden also nur dann Beugungserscheinungen auftreten, wenn J nicht zu vernachlässigen ist.

Wir haben also 1. nachzuweisen, dass das Integral J im Allgemeinen zu vernachlässigen ist;

2. zu untersuchen, in welchen Ausnahmefällen dies nicht mehr stattfindet.

Es handelt sich somit um die Auswerthung des Integrals

$$J = \int \frac{X\, e^{i\alpha r}}{i\alpha}\, d\varphi,$$

welches sich über den ganzen Umfang des Schirmes erstreckt. Zu diesem Zwecke wollen wir diesen Umfang in eine gewisse Anzahl von Theilbogen von zweierlei Art zerlegen:

1. Auf den Bogen der ersten Art wird der Differentialquotient $\frac{\partial \varphi}{\partial r}$ endlich sein.

2. Auf den Bogen der zweiten Art wird dieser Differentialquotient hinreichend gross sein, dass er nicht gegenüber dem Werthe von α vernachlässigt werden darf.

Uebrigens können wir ohne Weiteres annehmen, dass die Zerlegung des Umfanges in Theilbogen derart vorgenommen wird, dass längs eines dieser Bogen r beständig wächst oder beständig abnimmt.

89. Wir wollen zuerst das Integral auswerthen, das längs eines Bogens der ersten Art genommen ist.

Wählen wir als Integrationsvariabele r, dann haben wir unser Integral zu schreiben

$$\int \frac{X\, e^{i\alpha r}}{i\alpha} \cdot \frac{\partial \varphi}{\partial r}\, dr.$$

Durch theilweise Integration finden wir

$$-\frac{X\, e^{i\alpha r}}{\alpha^2} \cdot \frac{\partial \varphi}{\partial r} + \frac{1}{\alpha^2} \int e^{i\alpha r} \frac{\partial}{\partial r}\left(X \frac{\partial \varphi}{\partial r}\right) dr.$$

Nun ist X von derselben Grössenordnung wie α; wenn also $\frac{\partial \varphi}{\partial r}$ eine endliche Grösse darstellt, so ist jedes der Glieder dieser letzteren Summe von der Ordnung $\frac{1}{\alpha}$, d. h., es ist zu vernachlässigen. Somit kann das ganze Integral, genommen längs eines Bogens der ersten Art, vernachlässigt werden.

Das Integral

$$\int_{\varphi_0}^{\varphi_1} \frac{\mathrm{X}\, e^{i\alpha r}}{i\alpha}\, d\varphi,$$

genommen längs eines Bogens der zweiten Art, wird im Allgemeinen ebenfalls zu vernachlässigen sein, weil die Differenz der Integrationsgrenzen $\varphi_1 - \varphi_0$ von derselben Grössenordnung sein wird, wie $\frac{1}{\alpha}$.

Soll also das Integral J einen endlichen Werth erhalten, so muss $\varphi_1 - \varphi_0$ endlich sein, d. h. es muss wenigstens einer der Bogen zweiter Art von Q aus gesehen unter einem endlichen Winkel erscheinen; dies kann in zwei Fällen eintreten.

1. Wenn dieser Bogen selbst endlich ist, dann ist längs desselben $\frac{\partial\varphi}{\partial r} = \infty$, $\frac{\partial r}{\partial\varphi} = 0$, $r = \text{const.}$; d. h. der fragliche Bogen darf sich nur sehr wenig von einem Kreisbogen unterscheiden, dessen Pol in Q liegt.

2. Wenn sich der Bogen sehr nahe am Punkte Q, d. h. sehr nahe am Rande des Schirmes befindet.

Ist dies nicht der Fall, so ist der Werth des Integrals J stets zu vernachlässigen und wir erhalten keine anderen Erscheinungen, als diejenigen, welche schon nach der geometrischen Schattentheorie eintreten müssen.

90. Wir wollen nun zusehen, in welchen Fällen $\frac{\partial\varphi}{\partial r}$ unendlich wird. In § 86 hatten wir gefunden

$$r\, d r = a\,(a + b) \sin \Theta\, d\Theta;$$

hieraus ergibt sich

$$\frac{\partial\varphi}{\partial r} = \frac{1}{a\,(a+b)} \cdot \frac{r}{\sin\Theta} \cdot \frac{\partial\varphi}{\partial\Theta}. \tag{10}$$

Diese Gleichung zeigt, dass $\frac{\partial\varphi}{\partial r}$ in zwei Fällen unendlich werden kann: 1. wenn $\sin\Theta$ sehr klein, 2. wenn $\frac{\partial\varphi}{\partial\Theta}$ unendlich ist.

Da im ersten Falle der Winkel Θ sehr klein ist, so wird ein zum Schirmrand gehöriger Bogen sehr nahe am Punkte Q liegen, und wir können den Theil der Kugel, welcher diesen Bogen enthält, mit einer durch Q gehenden Ebene vertauschen. Ausserdem dürfen wir diesen Bogen wegen seiner sehr geringen Grösse auch als Element einer Geraden AB (Fig. 10) auffassen. Die Entfernung MQ des Punktes Q vom Bogenelement M ist $a\Theta$, wobei a den Radius der Kugel bezeichnet, auf welcher sich der betrachtete Theil des Schirmumfanges befindet. Nennen wir $a\delta$ den kürzesten Abstand des Punktes Q von der Geraden AB und φ den Winkel zwischen QM und QC, so haben wir

$$a\,\Theta \cos\varphi = a\,\delta$$

oder

$$\Theta \cos\varphi = \delta.$$

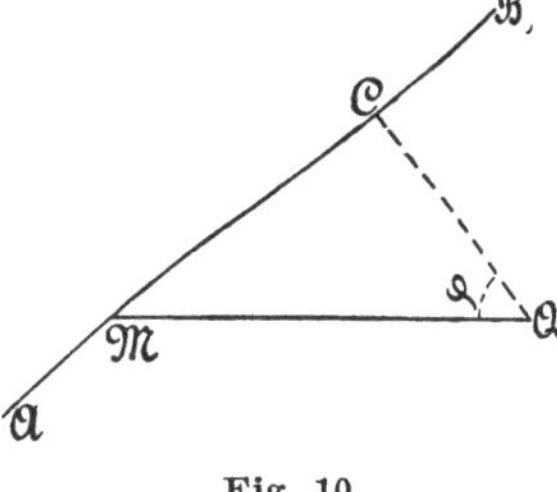

Fig. 10.

Der hier auftretende Winkel φ unterscheidet sich übrigens nur durch eine Konstante von dem Winkel, den wir früher mit dem gleichen Buchstaben bezeichnet hatten; die Differentialquotienten beider Grössen besitzen also den gleichen Werth. Durch Differentiation der vorhergehenden Gleichung finden wir nun

$$\frac{\partial\Theta}{\partial\varphi}\cos\varphi - \Theta\sin\varphi = 0;$$

diese neue Gleichung zeigt, dass $\frac{\partial\Theta}{\partial\varphi}$ von derselben Grössenordnung ist, wie Θ, und somit auch wie δ. In Folge dessen ist $\frac{\partial\varphi}{\partial\Theta}$ von der Grössenordnung $\frac{1}{\delta}$, und $\frac{\partial\varphi}{\partial r}$ nach Gleichung (10) von der Ordnung $\frac{r}{\delta^2}$.

Liegt der Punkt P in endlicher Entfernung r von der Kugel, so ist $\frac{\partial\varphi}{\partial r}$ von der Ordnung $\frac{1}{\delta^2}$, und, wenn dieser Differentialquotient von derselben Grössenordnung sein soll, wie $\frac{1}{\lambda}$, so muss δ von der Ordnung $\sqrt{\lambda}$ sein. Befindet sich dagegen der Punkt P nur in einer Entfernung von der Kugel, welche selbst von der Grössenordnung λ ist, so muss δ von derselben Ordnung wie λ sein, damit $\frac{\partial\varphi}{\partial r}$ unendlich gross von der Ordnung $\frac{1}{\lambda}$ ist.

Die Gerade, welche den Punkt P mit der Lichtquelle verbindet, muss also die Kugel in einer Entfernung vom Schirmrande schneiden, welche von der Grössenordnung λ ist, wenn die Beleuchtung in P abnorm sein soll; der Bezirk, in dem sich der Punkt P befinden muss, ist aber dann zu klein, als dass er der Beobachtung zugänglich wäre. Man wird Anomalien in der Beleuchtung von P nur dann erkennen können, wenn P in einer endlichen Entfernung von der Kugel liegt.

So ist auf einer mit dem Radius $(a+b)$ beschriebenen, zu S koncentrischen Kugelschale die von den Beugungsstreifen eingenommene Stelle von der Grössenordnung $\sqrt{\lambda}$, wenn b einen endlichen Werth besitzt, während auf der Kugel S selbst diese Stelle von der Grössenordnung λ ist.

91. Wir wollen nun den zweiten Fall betrachten, wo $\frac{\partial \varphi}{\partial r}$ unendlich gross ist; da $\frac{\partial \varphi}{\partial \Theta}$ unendlich gross ist, muss $\frac{\partial \Theta}{\partial \varphi}$ unendlich klein sein. Ist also $\frac{r}{\sin \Theta}$ eine endliche Grösse, so muss $\frac{\partial \Theta}{\partial \varphi}$ von der Ordnung λ sein, wenn $\frac{\partial \varphi}{\partial r}$ von der Ordnung $\frac{1}{\lambda}$ sein soll.

Mit anderen Worten, Θ muss, bis auf Grössen von der Ordnung von λ, eine Konstante sein, d. h., unter Vernachlässigung von Grössen dieser Ordnung muss man einen zum Schirmrand gehörigen endlichen Bogen als Kreisbogen auffassen können, dessen Mittelpunkt in Q liegt. Die Entfernung des Punktes Q vom Centrum der mittleren Krümmung dieses Bogens muss von der Ordnung λ sein. Hieraus folgt, dass die abnorm beleuchteten Punkte sämmtlich innerhalb eines Kreises liegen, dessen Radius von der Grössenordnung λ ist, und sich der Beobachtung entziehen.

Soll also eine Beobachtung möglich sein, so muss $\sin \Theta$ und somit auch der Radius dieses Kreisbogens sehr klein sein.

Ist $\frac{\sin \Theta}{r}$ eine Grösse von der Ordnung $\sqrt{\lambda}$, so genügt es, dass $\frac{\partial \Theta}{\partial \varphi}$ und somit die Entfernung des Punktes Q vom Mittelpunkte des Kreises ebenfalls von dieser Grössenordnung ist. Unter dieser Bedingung ist der Raum, in welchem P liegen muss, um abnorme Beleuchtungserscheinungen zu zeigen, hinreichend gross, dass man diese Erscheinungen auch wirklich beobachten kann.

Hierbei ist noch zu bemerken, dass, wenn sich der Punkt P auf der Kugel selbst befindet, die Beleuchtung durch die geometrische Schattentheorie bestimmt wird, oder wenigstens wird es nicht möglich sein, durch die Beobachtung einen Unterschied zwischen der so bestimmten und der thatsächlich stattfindenden Beleuchtung zu ermitteln.

Wenn nämlich der Punkt P sehr nahe an den Punkt Q rückt,

so wird $\frac{\sin\Theta}{r} = \frac{1}{a}$, denn in dem Dreieck MOP (vgl. Fig. 9) ist

$$\frac{\sin\Theta}{r} = \frac{\sin \mathrm{OMP}}{a},$$

und der Grenzwerth des Winkels OMP ist dann ein rechter Winkel. Da nun $\frac{\sin\Theta}{r}$ endlich ist, so werden zufolge unsrer obigen Ableitungen die Erscheinungen der Beobachtung unzugänglich sein.

92. Wir haben nun weiter nachzuweisen, dass die Bedingung der Transversalität

$$\Theta_0 = \xi_0' + \eta_0' + \zeta_0'$$

für die ausserhalb der Kugel S oder auf dieser Kugel selbst gelegenen Punkte erfüllt ist.

Θ_0 genügt der Gleichung

$$\varDelta\Theta_0 + a^2\,\Theta_0 = 0.$$

Es gilt also für den Raum ausserhalb von der Kugel S nach § 81 (15) die Gleichung

$$\Theta_0 = -\int \frac{\Theta_0}{4\pi}\,\frac{e^{i a r}}{r}\left(i a - \frac{1}{r}\right)\cos\psi\,d\omega + \int \frac{1}{4\pi}\,\frac{\partial\Theta_0}{\partial n}\,\frac{e^{i a r}}{r}\,d\omega\,;$$

hierbei erstrecken sich die Integrale der rechten Seite auf alle Elemente $d\omega$ der Kugel S.

Lässt man nun die Stelle, wo sich Beugungsstreifen befinden, unberücksichtigt, so sind, wie wir sahen, die Erscheinungen dieselben, wie in der geometrischen Schattentheorie; mit anderen Worten, an gewissen Punkten ist die Beleuchtung Null und an anderen so, als wäre ein Schirm überhaupt nicht vorhanden. In diesen beiden Fällen sind Θ_0 und $\frac{\partial\Theta_0}{\partial n}$ Null.

Bei der von uns gewählten Annäherung genügt es also, die Integrale rechter Hand auf die Region der Kugel S zu erstrecken, wo sich Beugungsstreifen befinden, diese ist aber, wie wir sahen, von der Grössenordnung λ. Die Integrale auf der rechten Seite sind somit zu vernachlässigen, folglich auch Θ_0.

Fassen wir nochmals alles zusammen, so genügen die Integrale (4) gut den Bedingungen A, B, C und D, und es kann nur dann eine abnorme Beleuchtung eintreten, wenn sich der Punkt P sehr nahe am geometrischen Schatten des Schirmrandes befindet.

93. Vereinfachung der Ausdrücke für ξ_0, η_0, ζ_0. — Wir haben gesehen, dass, wenn der Punkt Q in einem endlichen Abstande von den Rändern eines Schirmes liegt, die Beleuchtung des Punktes P den Gesetzen der Schattentheorie folgt, dass aber die Beleuchtung geändert wird, wenn der Punkt Q in einer Entfernung vom Schirmrande liegt, die von der Grössenordnung $\sqrt{\lambda}$ ist. Die Beleuchtung eines Punktes hängt also nur von den Theilen der Kugel ab, welche dem Punkte Q benachbart sind; dieser letztere Punkt heisst der Pol des Punktes P. Wir wollen diese Ueberlegung zur Vereinfachung der Ausdrücke für ξ_0, η_0, ζ_0 benutzen, welche durch die Integrale (4) gegeben sind.

Wir fassen das erste dieser Integrale in's Auge:

$$\xi_0 = \int X_2 \, d\omega \, \frac{e^{i\alpha r}}{r} \left(i\alpha + i\alpha \cos\psi - \frac{\cos\psi}{r} \right).$$

Da diejenigen Theile dieses Integrals, welche nicht vernachlässigt werden dürfen, den Punkten entsprechen, die dem Pole Q des beleuchteten Punktes P sehr nahe liegen, so brauchen wir das Integral auch nur auf diese Punkte zu erstrecken und können in Folge dessen X_2 und ψ als Konstanten betrachten. Ausserdem ist α sehr gross und r muss endlich sein, wenn die Beugungserscheinungen sich überhaupt beobachten lassen sollen, somit dürfen wir das unter dem Integralzeichen stehende Glied $\frac{\cos\psi}{r}$ gegen die beiden anderen Glieder $i\alpha$ und $i\alpha\cos\psi$ vernachlässigen. Setzen wir nun die betreffenden Konstanten vor das Integral, dann erhalten wir

$$\xi_0 = X_2 \, i\alpha \, (1 + \cos\psi) \int \frac{e^{i\alpha r}}{r} \, d\omega.$$

Ausserdem ist nach § 84

$$X_2 = -\frac{\xi_1}{4\pi};$$

ersetzen wir also X_2 und $\cos\psi$ in dem Ausdrucke für ξ_0 durch die Werthe, welche diese Grössen am Pole Q annehmen, so finden wir

$$\xi_0 = -\frac{i\alpha}{2\pi} \xi_1 \int \frac{e^{i\alpha r}}{r} \, d\omega.$$

Die Entfernung des Punktes P von den dem Pole Q benachbarten Kugelpunkten unterscheidet sich nur sehr wenig von der Entfernung $PQ = b$ und kann, da das Integral sich nur auf die dem Punkte Q zunächst liegenden Punkte erstreckt, vor das Integral gezogen werden; der Werth von ξ_0 geht dadurch über in

$$\xi_0 = -\frac{i\alpha}{2\pi}\frac{\xi_1}{b}\int e^{i\alpha r}\,d\omega$$

oder, in einer etwas anderen Schreibweise,

$$\xi_0 = -\frac{i\alpha\xi_1 e^{i\alpha b}}{2\pi b}\int e^{i\alpha(r-b)}\,d\omega\,.$$

94. Den Werth dieses letzten Integrals wollen wir nun bestimmen. Es ist in dem Dreieck MOP (Fig. 9)

$$r^2 = (a+b)^2 + a^2 - 2a(a+b)\cos\Theta\,.$$

Da wir hier nur die dem Pole Q sehr nahe liegenden Punkte zu berücksichtigen haben, für welche Θ sehr klein ist, so können wir $\cos\Theta$ durch die beiden ersten Glieder seiner Reihenentwickelung $1-\frac{\Theta^2}{2}$ ersetzen, und erhalten

$$r^2 = (a+b)^2 + a^2 - 2a(a+b)\left(1-\frac{\Theta^2}{2}\right) = b^2 + a(a+b)\,\Theta^2\,.$$

Bezeichnen wir das zwischen einem Kugelpunkte M und dem Pole Q liegenden Stück des grössten Kreises mit s, so ist

$$\Theta = \frac{s}{a}\,;$$

somit wird

$$r^2 = b^2 + \frac{a+b}{a}\,s^2\,;$$

hieraus folgt

$$r-b = \frac{a+b}{a(r+b)}\,s^2\,.$$

Nun ist r nur sehr wenig von b verschieden, man kann also $(r+b)$ durch $2b$ ersetzen, und erhält

$$r-b = \frac{a+b}{2ab}\,s^2\,;$$

die Einführung dieses Werthes in den Ausdruck für ξ_0 liefert uns

$$\xi_0 = -\frac{i\alpha\xi_1 e^{i\alpha b}}{2\pi b}\int e^{i\alpha\frac{a+b}{2ab}s^2}\,d\omega\,.$$

Da das Integral nur auf diejenigen Theile der Kugel auszudehnen ist, welche dem Punkte Q benachbart sind, so darf man annehmen, dass dieselben, statt auf der Kugel, in einer die Kugel in Q berührenden Tangentialebene liegen. Wir wählen in dieser Ebene zwei rechtwinkelige Koordinatenaxen, die sich in Q schneiden. Die Koordinaten des Punktes M in diesem System werden durch die Entfernungen l und l' des Punktes von den Axen gegeben sein. Zur Vereinfachung des Ausdruckes für ξ_0 definiren wir die Lage des Punktes M durch zwei Parameter u und v derart, dass

$$l = u\sqrt{\frac{ab\lambda}{2(a+b)}}, \qquad l' = v\sqrt{\frac{ab\lambda}{2(a+b)}};$$

dann ist

$$s^2 = l^2 + l'^2 = (u^2 + v^2)\frac{ab\lambda}{2(a+b)},$$

und

$$d\omega = dl\,dl' = du\,dv\,\frac{ab\lambda}{2(a+b)}.$$

Durch Einführung dieser Werthe von s^2 und $d\omega$ in den Ausdruck für ξ_0 erhalten wir

$$\xi_0 = -\frac{i\alpha\xi_1 a\lambda\, e^{i\alpha b}}{4\pi(a+b)}\int e^{\frac{1}{4}i\alpha\lambda(u^2+v^2)}\,du\,dv,$$

und, da $\alpha = \frac{2\pi}{\lambda}$ war,

$$\xi_0 = -\frac{ia\xi_1 e^{i\alpha b}}{2(a+b)}\int e^{\frac{i\pi}{2}(u^2+v^2)}\,du\,dv. \tag{11}$$

95. Intensität des Lichts in einem Punkte. — Wie wir in § 76 sahen, ist die X-Komponente der Verschiebung für einen ausserhalb der Kugel S gelegenen Punkt P

$$\xi = \text{reeller Theil von } \xi_0 e^{-i\alpha Vt},$$

wobei ξ_0 durch den oben entwickelten Ausdruck (11) dargestellt wird. Für die beiden anderen Komponenten würden wir dementsprechend erhalten

$$\eta = \text{reeller Theil von } \eta_0 e^{-i\alpha Vt},$$

$$\zeta = \text{reeller Theil von } \zeta_0 e^{-i\alpha Vt};$$

hierbei ergeben sich die Ausdrücke für η_0 und ζ_0 aus dem Ausdrucke für ξ_0, indem man in (11) ξ_1 durch η_1 bezw. ζ_1 ersetzt. Die Lichtintensität im Punkte P wird also proportional

$$\varrho\left[\left(\frac{\partial\xi}{\partial t}\right)^2+\left(\frac{\partial\eta}{\partial t}\right)^2+\left(\frac{\partial\zeta}{\partial t}\right)^2\right]$$

sein; nun ist

$$\frac{\partial\xi}{\partial t}=\text{reeller Theil von }\left(-i\alpha\mathrm{V}\xi_0 e^{-i\alpha\mathrm{V}t}+e^{-i\alpha\mathrm{V}t}\frac{\partial\xi_0}{\partial t}\right),$$

und entsprechend die beiden Ausdrücke für $\frac{\partial\eta}{\partial t}$ und $\frac{\partial\zeta}{\partial t}$. Demnach ist die Intensität proportional der Summe der Quadrate der Moduln der drei Grössen von der Form

$$\left(-i\alpha\mathrm{V}\xi_0+\frac{\partial\xi_0}{\partial t}\right)$$

In dem Ausdrucke (11) ist aber ξ_1 die einzige Grösse, welche von der Zeit abhängt; somit wird die Intensität gleich der Summe der Quadrate der Moduln von drei Grössen, deren erste gegeben ist durch

$$(1)\qquad\left(-i\alpha\mathrm{V}\xi_1+\frac{\partial\xi_1}{\partial t}\right)\frac{iae^{i\alpha b}}{2(a+b)}\int e^{\frac{i\pi}{2}(u^2+v^2)}\,du\,dv,$$

während die anderen aus dieser folgen, wenn man ξ_1 durch η_1 und ζ_1 ersetzt.

Wenn wir die Beugungserscheinungen in einer Ebene beobachten wollen, so haben wir die relative Intensität der in einer und derselben Ebene gelegenen Punkte zu bestimmen. Da sich diese Punkte immer nahe an einander und in einer bestimmten Entfernung vom Schirme befinden, so dürfen wir annehmen, dass der Abstand b eines jeden derselben von der Kugel, welche den Schirm enthält, der gleiche ist. Hieraus ergibt sich, dass in jedem der Ausdrücke (1), von denen die Summe der Quadrate proportional der Intensität ist, der Faktor $\frac{iae^{i\alpha b}}{2(a+b)}$ unverändert bleibt, vorausgesetzt, dass man nur homogenes Licht in Betracht zieht. Da man ausserdem diese Punkte in dem gleichen Augenblicke beobachtet, und die Werthe ξ_1, η_1, ζ_1 sich nur wenig ändern, wenn man von einem Punkte der Kugel S zu einem benachbarten Punkte übergeht, so wird auch der Faktor $\left(-i\alpha\mathrm{V}\xi_1+\frac{\partial\xi_1}{\partial t}\right)$ nahezu denselben Werth besitzen. Die relative Intensität des Lichtes in den verschiedenen in Betracht kommenden Punkten wird also in demselben Augenblicke dem Quadrate des Moduls des Integrals

$$\int e^{\frac{i\pi}{2}(u^2+v^2)}\,du\,dv \tag{2}$$

proportional sein, das in dem Ausdrucke (1) und den entsprechenden beiden anderen als Faktor auftritt. Wir brauchen also, um die Lichtintensität in den verschiedenen Punkten der Ebene zu finden, in welcher die Beobachtungen angestellt werden, nur die Aenderungen des Moduls dieses Integrals zu untersuchen.

96. Ausdruck des Integrals (2), für den Fall eines Spaltes mit parallelen Rändern. — Wir wollen annehmen, dass die eine der Axen, welchen die Parameter u und v entsprechen, parallel zu den Rändern des Spaltes sei; beispielsweise möge dies für die u-Axe der Fall sein. Gehen wir nun auf die Gleichung

$$\delta = u\sqrt{\frac{ab\lambda}{2(a+b)}}$$

zurück, durch welche der Parameter u mit der Entfernung δ eines Punktes der uv-Ebene von der v-Axe verbunden ist, so sehen wir, dass u von der Ordnung $\frac{\delta}{\sqrt{\lambda}}$ ist. Da der Spalt eine, wenn auch nicht unbegrenzte, so doch im Verhältniss zu den Grössen von der Ordnung $\sqrt{\lambda}$ sehr bedeutende Länge besitzt, so werden die Werthe von u für die in Betracht kommenden Punkte immer sehr bedeutend sein.

Demnach darf man die Grenzen für u in dem Integral (2) unendlich setzen. Bezeichnen wir ferner die Grenzen von v, die im Allgemeinen wegen der geringen Breite des Spaltes endlich sind, mit v_1 und v_2, so können wir das Integral in der Form schreiben

$$\int_{-\infty}^{+\infty} e^{\frac{i\pi}{2}u^2}\,du \int_{+v_1}^{+v_2} e^{\frac{i\pi v^2}{2}}\,dv.$$

Der Werth des ersten dieser beiden Integrale ist $(1+i)$ mit dem Modul 2; wir haben uns also nur noch mit dem zweiten Integrale zu beschäftigen, welches nach Einführung von trigonometrischen Funktionen an Stelle der Exponentialfunktion übergeht in

$$\int_{v_1}^{v_2} e^{\frac{i\pi v^2}{2}}\,dv = \int_{v_1}^{v_2} \cos\frac{\pi v^2}{2}\,dv + i\int_{v_1}^{v_2} \sin\frac{\pi v^2}{2}\,dv. \tag{3}$$

97. Graphische Darstellung des Integrals (3). — Die beiden Integrale rechter Hand sind unter dem Namen Fresnel'sche

Integrale bekannt; wir wollen sie nun genauer untersuchen. Zur Vereinfachung der Rechnung setzen wir die untere Grenze Null; durch Bildung der algebraischen Summe von zwei solchen Integralen, deren eine Grenze Null ist, gelangt man dann leicht zu dem allgemeinen Falle, in welchem die Grenzen ganz beliebig sind.

Wir setzen also

$$x = \int_0^v \cos\frac{\pi v^2}{2}\,dv\,; \quad y = \int_0^v \sin\frac{\pi v^2}{2}\,dv,$$

und konstruiren die zu den verschiedenen Koordinaten x und y gehörige Kurve. Diese geht durch den Koordinatenanfang, denn für $v = 0$ ist auch $x = y = 0$. Vertauscht man v mit $-v$, so bleibt die unter dem Integralzeichen stehende Grösse ungeändert, dagegen ändert die obere Grenze ihr Vorzeichen, und zwar gleichzeitig bei x und bei y; der Koordinatenanfang ist also ein Symmetriepunkt für die Kurve.

Durch Differentiation von x und y erhalten wir

$$dx = \cos\frac{\pi v^2}{2}\,dv\,; \quad dy = \sin\frac{\pi v^2}{2}\,dv\,;$$

hieraus ergibt sich durch Quadrirung und Addition

$$dx^2 + dy^2 = ds^2 = dv^2,$$

also

$$ds = dv,$$

wenn ds ein Bogenelement der Kurve bezeichnet.

Durch Integration der beiden Seiten dieser Gleichung folgt

$$s = v,$$

wenn man die Integrationskonstante Null setzt, was darauf hinauskommt, dass man die Bogen vom Koordinatenanfangspunkte an rechnet, da für $x = y = 0$ auch $v = 0$ ist.

Der Quotient $\frac{dy}{dx}$ liefert die trigonometrische Tangente des Winkels α zwischen der X-Axe und der Tangente an die Kurve im Punkte x, y; es ist also

$$\alpha = \frac{\pi}{2} v^2. \tag{4}$$

Der Krümmungsradius in einem Punkte ist gegeben durch

$$\frac{ds}{d\alpha} = \frac{dv}{\pi v\,dv} = \frac{1}{\pi v}.$$

Im Koordinatenanfang, d. h. für $v=0$, ist der Krümmungsradius unendlich gross, und da α gleichzeitig mit v Null ist, so ist die X-Axe eine Tangente in dem Wendepunkt O (Fig. 11).

Um den ferneren Verlauf der Kurve zu ermitteln, lassen wir v von 0 bis ∞ wachsen; dann nimmt auch der Winkel α über jede Grenze hinaus zu, während der Krümmungsradius sich der Grenze

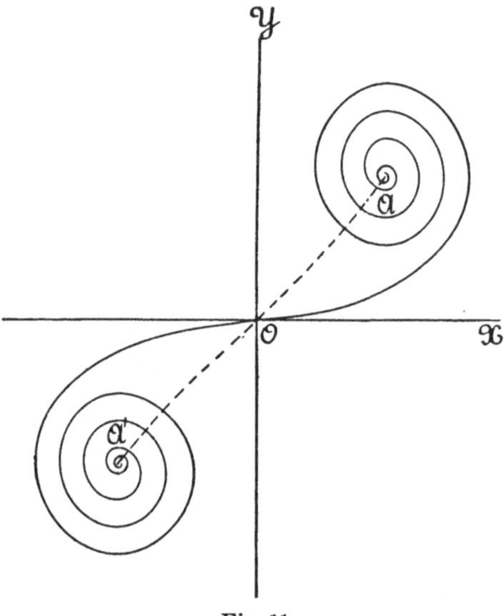

Fig. 11.

Null nähert. Wir haben es also mit einer spiralförmigen Kurve zu thun, welche einen asymptotischen Punkt A besitzt, dessen Koordinaten wir nun bestimmen wollen. Zu diesem Zwecke suchen wir den Werth des Integrals

$$\int_0^\infty e^{\frac{i\pi}{2} v^2} dv.$$

Bekanntlich ist

$$\int_0^\infty e^{-z^2} dz = \frac{1}{2} \sqrt{\pi}.$$

Setzen wir

$$z^2 = -\frac{i\pi}{2} v^2,$$

so haben wir

$$z = v\sqrt{-\frac{i\pi}{2}}; \qquad dz = dv\sqrt{-\frac{i\pi}{2}};$$

somit erhalten wir für das gesuchte Integral

$$\int_0^\infty e^{\frac{i\pi}{2}v^2} dv = \frac{1}{2}\sqrt{\pi}\sqrt{-\frac{2}{i\pi}} = \frac{1}{2}\sqrt{2i} = \frac{1+i}{2};$$

da nun

$$\int_0^v e^{\frac{i\pi v^2}{2}} dv = x + iy,$$

so erhalten wir für $v = \infty$

$$x = \frac{1}{2}; \qquad y = \frac{1}{2}.$$

Dies sind die Koordinaten des asymptotischen Punktes A. Der Theil der Kurve, welcher negativen Werthen von v entspricht, liegt symmetrisch zu dem eben gefundenen.

98. Zur genaueren Definition der Kurve sehen wir zu, wie sich der Abstand AM des Asymptotenpunktes A von einem beliebigen Punkte M des positiven Zweiges der Kurve ändert.

Ist v der Werth des Parameters, welcher zu dem betreffenden Punkte gehört, so werden dessen Koordinaten sein

$$x = \int_0^v \cos\frac{\pi v^2}{2} dv; \qquad y = \int_0^v \sin\frac{\pi v^2}{2} dv.$$

Wir wollen den Koordinatenanfang nach diesem Punkte M verlegen; in Bezug auf das neue Koordinatensystem wird die Abscisse des Asymptotenpunktes A gleich der Abscisse desselben Punktes im alten Koordinatensystem, vermindert um die Abscisse des Punktes M; es ist also

$$\int_0^\infty \cos\frac{\pi v^2}{2} dv - \int_0^v \cos\frac{\pi v^2}{2} dv = \int_v^\infty \cos\frac{\pi v^2}{2} dv.$$

Auf analoge Weise erhält man als Ordinate des Punktes A im neuen System

$$\int_v^\infty \sin\frac{\pi v^2}{2} dv.$$

Die Koordinaten des Asymptotenpunktes in Bezug auf die durch M gehenden Axen sind also gegeben durch den reellen und den imaginären Theil des Integrals

(5)
$$J = \int_v^\infty e^{\frac{i\pi}{2} v^2} dv.$$

Wir wollen nun noch einen anderen Ausdruck für J suchen. Zu diesem Zwecke setzen wir in dem Integral

$$\int_0^\infty e^{-z^2} dz = \frac{1}{2}\sqrt{\pi}$$

$z = vw$, wobei v eine positive Grösse sein soll, und erhalten also

$$\int_0^\infty e^{-v^2 w^2} v\, dw = \frac{1}{2}\sqrt{\pi}.$$

Das Produkt aus diesem Integral und dem Integrale (5) liefert uns

$$\int_v^\infty \int_0^\infty e^{v^2\left(\frac{i\pi}{2} - w^2\right)} v\, dv\, dw = \frac{J}{2}\sqrt{\pi}.$$

Die Integration nach v lässt sich in diesem Ausdrucke ohne Weiteres ausführen; es ist nämlich

$$\int_v^\infty e^{v^2\left(\frac{i\pi}{2} - w^2\right)} v\, dv = \frac{1}{i\pi - 2w^2} \int_v^\infty d\left[e^{v^2\left(\frac{i\pi}{2} - w^2\right)}\right],$$

und somit

$$\int_v^\infty e^{v^2\left(\frac{i\pi}{2} - w^2\right)} v\, dv = -\frac{1}{i\pi - 2w^2} e^{v^2\left(\frac{i\pi}{2} - w^2\right)}.$$

Unser Doppelintegral geht also über in

$$\int_0^\infty \frac{e^{v^2\left(\frac{i\pi}{2} - w^2\right)}}{2w^2 - i\pi} dw = e^{\frac{i\pi}{2} v^2} \int_0^\infty \frac{e^{-v^2 w^2}}{2w^2 - i\pi} dw = \frac{J}{2}\sqrt{\pi}.$$

Hieraus erhalten wir einen neuen Ausdruck für J, der uns lehrt, dass die Koordinaten des Punktes A in Bezug auf die durch

M parallel zu OX und OY gelegten Axen durch den reellen und den imaginären Theil des Integrals

(6) $$J = \frac{e^{\frac{i\pi}{2}v^2}}{\sqrt{\pi}} \int_0^{\infty} \frac{2e^{-v^2 w^2}}{2w^2 - i\pi} dw$$

gegeben sind.

99. Drehen wir nun die Koordinatenaxen im Punkte M um einen Winkel $\frac{\pi}{2}v^2$, d. h. nach Gleichung (4) um den Winkel α, welchen die Tangente an die Kurve mit der X-Axe einschliesst, so erhalten wir ein neues Axensystem, das von der Tangente und der Normalen zur Kurve im Punkte M gebildet wird. Wenn wir mit x' und y' die Koordinaten eines Punktes in diesem neuen System bezeichnen, mit x_1, y_1 die Koordinaten desselben Punktes in dem alten System, bei welchem die durch M gehenden Axen parallel zu OX und OY sind, so haben wir als Transformationsformeln anzuwenden

$$x' = x_1 \cos\frac{\pi v^2}{2} + y_1 \sin\frac{\pi v^2}{2}$$

$$y' = y_1 \cos\frac{\pi v^2}{2} - x_1 \sin\frac{\pi v^2}{2}.$$

Multipliciren wir die zweite dieser Gleichungen mit i und addiren sie zur ersten, so erhalten wir

$$x' + iy' = (x_1 + iy_1)\cos\frac{\pi v^2}{2} - (ix_1 - y_1)\sin\frac{\pi v^2}{2}$$

$$= (x_1 + iy_1)\left(\cos\frac{\pi v^2}{2} - i\sin\frac{\pi v^2}{2}\right),$$

oder

$$x' + iy' = (x_1 + iy_1)\, e^{-\frac{i\pi v^2}{2}}.$$

Diese letzte Gleichung zeigt uns, dass der Werth der komplexen Grösse $(x' + iy')$ im neuen System gleich ist dem mit $e^{-\frac{i\pi v^2}{2}}$ multiplicirten Werthe $(x_1 + iy_1)$ im alten System. Nun ist für den Asymptotenpunkt A

$$x_1 + iy_1 = J,$$

somit wird

$$x' + i\,y' = \mathrm{J}\,e^{-\frac{i\pi v^2}{2}},$$

und, nach Gleichung (6)

$$(7) \qquad x' + i\,y' = \int_0^\infty \frac{2\,e^{-v^2 w^2}}{\sqrt{\pi}\,(2w^2 - i\pi)}\,dw.$$

Multiplicirt man Zähler und Nenner des unter dem Integralzeichen stehenden Bruches mit $(2\,w^2 + i\,\pi)$, so erhält man

$$\int_0^\infty \frac{2\,(2\,w^2 + i\,\pi)\,e^{-v^2 w^2}}{\sqrt{\pi}\,(4\,w^4 + \pi^2)}\,dw.$$

Der Abstand des Punktes A von der Normale in M wird durch den reellen Theil dieses Ausdrucks gebildet und hat den Werth

$$\int_0^\infty \frac{4\,w^2\,e^{-v^2 w^2}}{\sqrt{\pi}\,(4\,w^4 + \pi^2)}\,dw,$$

und die Entfernung dieses Punktes von der Tangente, welche gleich dem imaginären Theile des Integrals ist, wird

$$\int_0^\infty \frac{2\,\pi\,e^{-v^2 w^2}}{\sqrt{\pi}\,(4\,w^4 + \pi^2)}\,dw.$$

Die Elemente dieser beiden letzten Integrale sind positiv und nehmen beständig ab, wenn v von 0 bis ∞ zunimmt. Somit sind auch die Abstände des Punktes A von der Normalen und von der Tangente in M immer positiv und nehmen stets ab; das Gleiche gilt also von dem Abstande AM. Dies ist auch ganz klar, denn falls es anders wäre, müsste der Abstand AM ein Maximum oder ein Minimum aufweisen; in diesem, dem Maximum oder Minimum entsprechenden Punkte müsste aber AM normal zur Kurve gerichtet sein, und die Entfernung des Punktes A von der Normalen wäre daher Null, was nach dem Vorhergehenden nicht der Fall sein kann.

Es ist leicht ersichtlich, dass für die dem Punkte A benachbarten Punkte der Kurve die Gerade AM nahezu senkrecht auf der Kurve steht. Für diese Punkte ist nämlich v sehr gross und die Exponentialgrösse $e^{-v^2 w^2}$ sehr klein, vorausgesetzt, dass w nicht sehr klein ist; in dem Integrale (7) lassen sich also die Elemente, welche nicht einem kleinen Werthe von w entsprechen, vernachlässigen. Ist aber w klein, so reducirt sich der Nenner $(2w^2 - i\pi)$ nahezu auf $-i\pi$, und wir erhalten für $x' + iy'$ den angenäherten Werth

$$x' + iy' = \frac{2i}{\pi\sqrt{\pi}} \int_0^\infty e^{-v^2 w^2} dw = \frac{2i}{\pi\sqrt{\pi}} \cdot \frac{1}{2} \cdot \frac{\sqrt{\pi}}{v} = \frac{i}{\pi v}.$$

Da der reelle Theil Null ist, so ist der Abstand des Punktes A von der Normalen Null, d. h. AM ist ungefähr normal, während der Werth von AM annähernd $\frac{1}{\pi v}$ wird.

Die Gestalt der Kurve ist nunmehr hinreichend genau bestimmt.

100. Beugung durch einen engen Spalt. — Wie wir in § 96 sahen, ist die Lichtintensität in einem äusseren Punkte proportional dem Quadrate des Moduls des Integrals

$$\int_{v_1}^{v_2} e^{\frac{i\pi}{2} v^2} dv.$$

Der Modul dieses Integrals ist gleich der geometrischen Differenz der Moduln der Integrale

$$\int_0^{v_2} e^{\frac{i\pi}{2} v^2} dv \quad \text{und} \quad \int_0^{v_1} e^{\frac{i\pi}{2} v^2} dv.$$

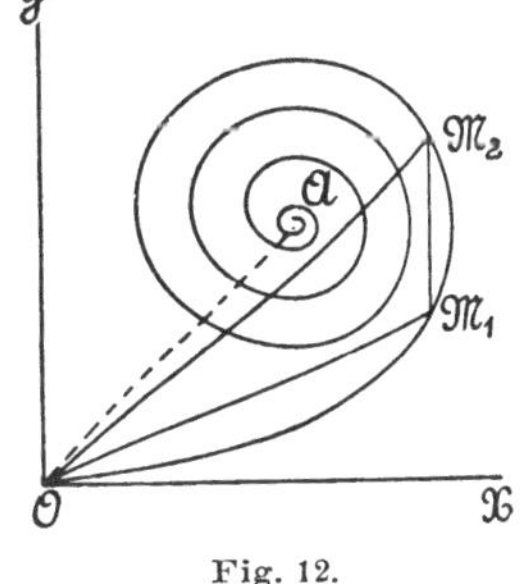

Fig. 12.

Ist M_1 (Fig. 12) der Punkt der darstellenden Kurve, welcher v_1 entspricht, M_2 derjenige, welcher v_2 entspricht, so werden die Moduln dieser Integrale durch OM_1 und OM_2 gegeben sein; ihre geometrische Differenz ist $M_1 M_2$.

Betrachten wir nun einen durch einen Spalt beleuchteten Punkt P, so sind die Grössen v_1 und v_2 proportional den Abständen seines Pols Q von den Rändern des Spalts; da die Breite des Spalts konstant ist, so hat die Differenz $v_1 - v_2$ für jeden in der Beobachtungsebene gelegenen Punkt immer denselben Werth. Nun sahen wir, dass v_1 und v_2 den Längen der Kurvenstücke OM_1 und OM_2 gleich sind, in Folge dessen hat der Bogen $M_1 M_2$ immer dieselbe Länge. Wir müssen also, um die Aenderung der Lichtintensität in den verschiedenen Punkten der Beobachtungsebene zu erhalten, die Längenänderung der zu gleichen Bogen gehörigen Sehne $M_1 M_2$ bestimmen. Soll ein Maximum oder Minimum auftreten, so muss das von der

Sehne und den Tangenten $M_1 T$ und $M_2 T$ gebildete Dreieck gleichschenkelig sein (Fig. 13), oder die Tangenten an den Enden müssen parallel und von gleicher Richtung sein (Fig. 14). Wir erhalten auf diese Weise zwei Arten von Maxima und Minima; für die zweite Art gilt

$$\frac{\pi}{2} v_2^2 = \frac{\pi}{2} v_1^2 + 2 K\pi,$$

wobei $\frac{\pi}{2} v^2$ den Winkel zwischen der Tangente in einem Punkte der Kurve und der X-Axe bezeichnet. Diese Gleichung liefert uns

$$v_2^2 - v_1^2 = 4 K$$

oder

$$v_2 + v_1 = \frac{4 K}{l},$$

wenn wir

$$l = v_2 - v_1$$

setzen. Die Untersuchung der Maxima und Minima der ersten Art ist sehr komplicirt.

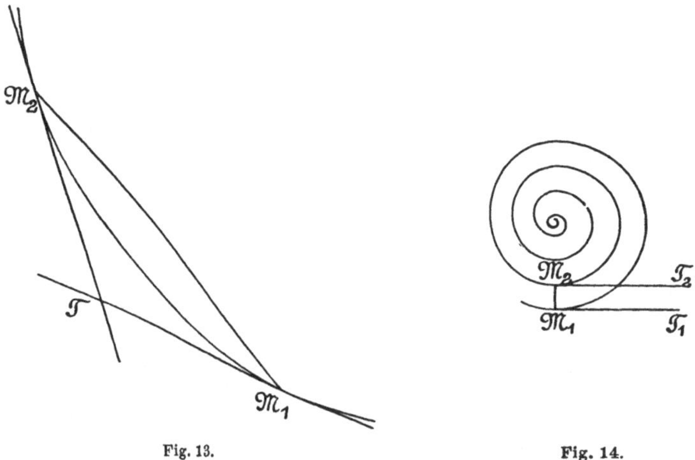

Fig. 13. Fig. 14.

101. Beugung durch den Rand eines Schirms. — In diesem Falle ist die Grenze v_2 des Integrals (3) in § 96 unendlich, und die Lichtintensität in einem Punkte P ist proportional dem Quadrate des Moduls von

$$\int_{v_1}^{\infty} e^{\frac{i\pi}{2} v^2} dv.$$

Bezeichnet M_1 den Punkt, welcher dem Werthe v_1 entspricht, so ist dieser Modul gleich der Länge AM_1 derjenigen Geraden, welche den asymptotischen Punkt A mit dem Punkte M_1 verbindet.

Wenn der Punkt P innerhalb des geometrischen Schattens liegt, so befindet sich sein Pol Q auf dem Schirme; demnach ist die untere Grenze v_1 des vorhergehenden Integrals positiv, und der ihr entsprechende Punkt M_1 liegt auf dem Theile der Kurve, welche sich auf derselben Seite wie A befindet (Fig. 15). Die Intensität nimmt also sehr rasch ab, wenn man sich vom Rande des geometrischen Schattens entfernt, und hat weder Maximum noch Minimum.

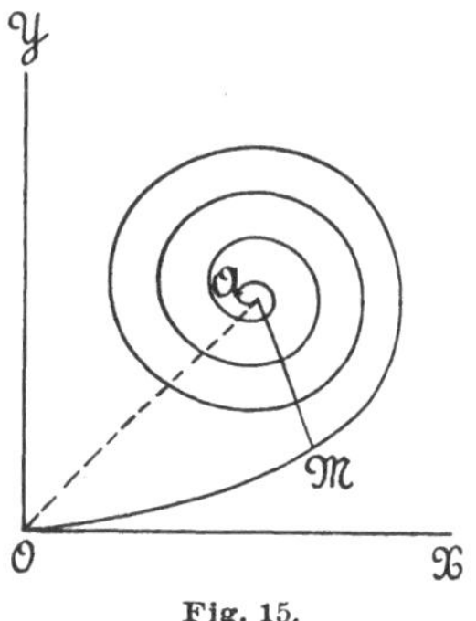

Fig. 15.

Da AM annähernd gleich $\frac{1}{\pi v}$ ist, so ist das Quadrat des Moduls unseres Integrals gleich $\frac{1}{\pi^2 v^2}$; in Folge dessen ändert sich auf der Seite des geometrischen Schattens die Lichtintensität ungefähr umgekehrt proportional dem Quadrate des Abstandes vom Rande dieses Schattens.

Befindet sich dagegen der Punkt P ausserhalb des geometrischen Schattens, so liegt sein Pol Q ausserhalb des Schirms; die Grenze v_1 ist dann negativ, und der Punkt M_1 liegt auf dem unterhalb der X-Axe gelegenen Kurventheile (Fig. 16). Die Gerade AM_1 und somit die Intensitäten P werden also eine Reihe von Maxima und Minima aufweisen, d. h. es werden Beugungsstreifen auftreten. Die Maxima und Minima von AM_1 entsprechen den Punkten, wo diese Gerade senkrecht auf der Kurve steht. Für einen nahe an A' gelegenen Punkt weichen die Normalen zur Kurve, welche durch A gehen, nur wenig von der Geraden AA' ab. Da diese Gerade mit OX einen Winkel $=\frac{\pi}{4}$ einschliesst, so schliesst die Tangente in einem Punkte, welcher einem Maximum oder Minimum entspricht, mit OX einen Winkel ein, der gegeben ist durch

$$-\frac{\pi}{4}+K\pi.$$

Dieser Winkel, als Funktion von v ausgedrückt, ist aber gleich $\frac{\pi}{2}v^2$; somit erhalten wir die Gleichung

$$\frac{\pi}{2}v^2=-\frac{\pi}{4}+K\pi,$$